LANDSCAPE
RECORD 景观实录

社长/**PRESIDENT**	宋纯智 scz@land-rec.com	
主编/**EDITOR IN CHIEF**	吴 磊 stone.wu@archina.com	
编辑部主任/**EDITORIAL DIRECTOR**	宋丹丹 sophia@land-rec.com 李 红 mandy@land-rec.com	
编辑/**EDITORS**	殷文文 lola@land-rec.com 张 靖 jutta@land-rec.com 张昊雪 jessica@land-rec.com	
网络编辑/**WEB EDITOR**	钟 澄 charley@land-rec.com	
美术编辑/**DESIGN AND PRODUCTION**	何 萍 pauline@land-rec.com	
技术插图/**CONTRIBUTING ILLUSTRATOR**	李 莹 laurence@land-rec.com	
特约编辑/**CONTRIBUTING EDITORS**	邹 喆 高 巍 李 娟	
编辑顾问团/**ADVISORY COMMITTEE**	Patrick Blanc, Thomas Balsley, Ive Haugeland Nick Wilson, Lars Schwartz Hansen, Juli Capella, Elger Blitz, Mário Fernandes 王向荣 庞 伟 孙 虎 何小强 黄剑锋	
运营中心/**MARKETING DEPARTMENT**	上海建盟文化传播有限公司 上海市飞虹路568弄17号	
运营主管/**MARKETING DIRECTOR**	刘梦丽 shirley.liu@ela.cn (86 21) 5596-8582 fax: (86 21) 5596-7178	
对外联络/**BUSINESS DEVELOPMENT**	刘佳琪 crystal.liu@ela.cn (86 21) 5596-7278 fax: (86 21) 5596-7178	
运营编辑/**MARKETING EDITOR**	李雪松 joanna.li@ela.cn	
发行/**DISTRIBUTION**	袁洪章 yuanhongzhang@mail.lnpgc.com.cn (86 24) 2328-0366 fax: (86 24) 2328-0366	
读者服务/**READER SERVICE**	蔡婷婷 tina@land-rec.com (86 24) 2328-0272 fax: (86 24) 2328 0367	

图书在版编目（CIP）数据

景观实录. 绿道设计 / （意）佩里西诺托编著; 李婵译.
—— 沈阳：辽宁科学技术出版社, 2014.12
ISBN 978-7-5381-8943-8

I. ①景… II. ①佩… ②李… III. ①城市道路–道路绿化
–景观设计–作品集–世界–现代
IV. ①TU986
中国版本图书馆CIP数据核字（2014）第278859号

景观实录NO. 6/2014

辽宁科学技术出版社出版/发行（沈阳市和平区十一纬路29号）
各地新华书店、建筑书店经销

开本：880×1230毫米 1/16 印张：8 字数：100千字
2014年12月第1版 2014年12月第1次印刷
定价：**48.00元**
ISBN 978-7-5381-8943-8
版权所有 翻印必究

辽宁科学技术出版社 www.lnkj.com.cn
《景观实录》 http://www.land-rec.com

U0289392

Follow Us

《景观实录》官方网站
http://www.land-rec.com

《景观实录》官方新浪微博
http://weibo.com/LnkjLandscapeRecord

《景观实录》官方腾讯微博
http://t.qq.com/landscape-record

《景观实录》官方微信公众平台 微信号：
landscape-record

媒体支持：

LANDSCAPE 景观实录
RECORD

96

11 2014

封面: 菲利斯·W·斯迈尔滨河公园, 佐佐木景观设计事务所, 克雷格·科耐摄

本页: 马杜雷拉公园, RRA设计事务所, 比安卡·雷森德摄

对页左图: 阿尔阿塞巴河床景观改造, AJOA景观事务所, AJOA景观事务所摄

对页右图: 索诺马县儿童博物馆玛丽花园, 贝斯景观事务所, 帕特里夏·阿尔加拉摄

阿姆斯特丹霍肯罗德广场正式开放

霍肯罗德广场（Hoekenrode Square）位于荷兰阿姆斯特丹比尔梅竞技场火车站（Amsterdam Bijlmer Arena Station）附近，由荷兰卡勒斯&布兰兹景观事务所（Karres en Brands）设计，近日已向公众开放。这座广场是阿姆斯特丹竞技场休闲娱乐区（Amsterdam Arena）和码头商业区（Amsterdamse Poort）之间的衔接纽带，这一繁华地段每年能迎接1000万游客。

卡勒斯&布兰兹景观事务所的设计考虑到了行人交通动线的合理布局，采用花岗岩路缘，不仅解决了用地的地面高差问题，起到引导行人的作用，而且在广场上规划出若干平台空间。多种颜色搭配的瓷砖地面与花岗岩路缘相结合，与阿姆斯特丹码头商业区以及竞技场大道休闲区的铺装设计相一致。广场上预留出一块空地，用于未来兴建一座亭台，目前暂时设置一座小山丘，上面种植草坪，从山顶上可以眺望附近的风景，山顶还可以用作表演的舞台，游人也可以舒适地躺在草坪上。主要人行道上有特别的照明设计和水景。白天，奇异的照明装置和水景会把人们吸引到这里闲坐或游玩；夜晚，这里则变成互动式特色照明区。

霍肯罗德广场整体设计中的一个特别之处是"智能照明"设计，夜间可以为广场营造出不同的氛围。卡勒斯&布兰兹景观事务所与Lichtvormgevers照明公司、飞利浦照明公司（Philips Lighting）以及思科照明公司（Cisco）合作，共同为霍肯罗德广场设计了动感十足的互动式照明。广场的每个功能空间都有不同风格的照明，营造出不同的氛围。因此，霍肯罗德广场的特点也可以说是变化多端的：夜间是活跃的休闲场所，白天既可以是过往行人通行的公共空间，也可以是足球爱好者踢球的场地。通过采用人群感应器，照明装置会根据广场的使用情况自行调节，营造出适当的照明效果。

"未来空间" 大会于布宜诺斯艾利斯成功召开

Buenos Aires 1-3 September 2014:
Streets as Public Spaces
and drivers of Urban Prosperity

第二届"未来空间"大会（Future of Places）已于阿根廷布宜诺斯艾利斯成功举行，大会吸引了来自40多个国家的300多名专业人士，共同探讨改善公共空间的议程。大会包含一系列研讨会，包括全体大会、学术讨论会、实践活动和论坛等。

第二届"未来空间"大会的主题是：街道是一种公共空间，是城市繁荣的驱动器。大会发言人强调了与公共空间相关的一系列问题，包括飞速发展的城市化进程、街道的规划、建设人性化的城市、跨界空间、土地价值的利用、着眼于城市整体的规划、公共空间的实用性、公共空间对弱势群体的兼顾、以人为本的公共空间规划方式以及将公共空间纳入可持续城市开发议程的必要性等。这些问题不仅对建设良好的公共空间来说至关重要，而且有利于推动可持续城市开发的关键原则的普及，比如：要融合而不要分离；要紧凑开发而不要无计划扩张；要连通而不要拥挤。

温伍德门户公园竞赛结果揭晓

温伍德门户公园概念、设计及建设竞赛（Wynwood Gateway Park Imagine, Design and Build Competition）的结果日前由"麦德龙1号"房地产机构（Metro 1）、美国建筑师协会（AIA）迈阿密分会和迈阿密中心区年度国际建筑设计竞赛委员会（DawnTown）三方联合宣布，"温伍德玻璃暖房"方案荣获一等奖。该方案由一支独立的设计团队完成，包括艺术家吉姆·德雷恩（Jim Drain）、景观设计师罗伯托·罗维拉（Roberto Rovira）和建筑师尼克·捷尔比（Nick Gelpi）。设计师表示，"温伍德玻璃暖房"方案实现了艺术、建筑和景观的融合，将使当地社区成为全球瞩目的焦点。

本届竞赛要求参赛者为迈阿密的温伍德门户社区（Wynwood Gateway Complex）设计一座1300平方米的城市公园。大赛共收到238份设计方案，来自20多个国家的跨学科设计团队。获胜方案将作为温伍德门户社区二期开发的一部分投入建设，未来将成为温伍德社区的门户景观。

获胜方案主要是一个轻盈、开放的玻璃结构，屋顶的框架有点像温室或者仓库。棱角分明的结构以用地上一棵古老的橡树为中心来展开，周围是花园般

的空间，种植了本地草皮和开花植物，不但能吸引游客来观赏，而且还能引来蝴蝶和鸟类。设计师旨在利用本案让大自然回归混凝土建筑林立的社区环境，同时也融入了现代城市元素，如移动式座椅和长凳、铺装步道等，步道贯穿整个用地。长凳和

模块化的"绿墙"是嵌入的一体式设计，"绿墙"由种植模块和"混凝木"（woodcrete）基座组成，这是一种新型建筑材料，由富含矿物质的乔木碾碎制成。两座小山丘带来地形上的变化，上面种植本地的野花野草。

2014年乡村景观研究欧洲永久会议圆满落幕

2014年乡村景观研究欧洲永久会议（PECSRL）已于瑞典西南部城市哥德堡举行并取得圆满成功。大会吸引了来自欧洲和其他国家的240多个代表团，在28场会议中共有198场演讲，此外还有一次壁报展览，包括13张宣传壁报。

本届大会吸引了地理学家、历史学家、民族志学家、考古学家、生态学家、乡村规划师、景观设计师、景观项目经理以及其他对欧洲景观感兴趣的各类学者共聚一堂。本届大会的主题是"重构景观逻辑"。景观设计的理念虽然在各个时代发生过一些变化，但一直是高度主观性的，而"逻辑重构"则为这一理念的多种阐释打开了一扇大门。就此，通过聚焦在景观的"计划性生产"中涉及的诸多因素，大会探索了我们是如何评价、监控、改变、保护、利用或误用乡村景观的——不论是通过我们的活动、表述还是比喻。

联合国大会上已经宣布，下一届大会将于2016年在奥地利的因斯布鲁克和泽费尔德两座城市举行。乡村景观研究欧洲永久会议是一项国际盛会，汇

集了关心欧洲景观的过去、现在和未来的景观研究者。大会包含若干分题会议，具体关注在欧洲景观的管理和研究中存在的问题。

格兰特景观事务所接手南安普敦西码头滨水公共空间设计

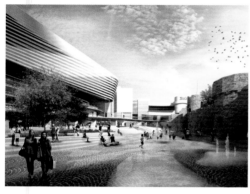

享誉国际的英国知名景观设计公司格兰特景观事务所（Grant Associates）接到委派，负责设计英国南安普敦西码头滨水公共空间（Watermark WestQuay Southampton）。这一工程造价7000万英镑，功能上以休闲娱乐为主，总体规划由ACME集团操刀，开发商是英国汉莫森房地产公司（Hammerson）。

南安普敦市早期是在潮汐泥滩的地质条件下建设

起来的，格兰特景观事务所的设计灵感就来自于此。这一设计方案主要由四部分组成：广场为南安普敦带来新的公共空间；古老的城墙为空间营造出独特的背景环境；沿城墙设置的步道；台阶和坡道解决了城门和地势较低的西侧步道之间7米的地面高差问题。

水景将成为新广场上的重要景观元素，由约33个喷泉构成。为了凸显"潮汐泥滩"的设计理念，水景将模仿潮汐的涨落，水池与地面的铺装融为一体。白天偶

尔还会出现"水漫广场"，形成一片镜面水池，倒映出周围古老城墙的光影，直至水面像潮汐一样退去。

格兰特景观事务所董事长安德鲁·格兰特（Andrew Grant）表示："西码头的绝佳环境为我们预设了完美的景观框架，我们很高兴能有机会去为南安普敦这一历史悠久的地区续写新的篇章。"

格兰特景观事务所合伙人詹姆斯·克拉克（James Clarke）是负责这一项目的景观设计师。他表示："通过采用简单的施工技术、图案和形态中大胆的几何结构语言以及在材料使用上的匠心独运，我们希望打造一处振奋人心的公共空间，从理念上体现出南安普敦丰富的航海文化。"

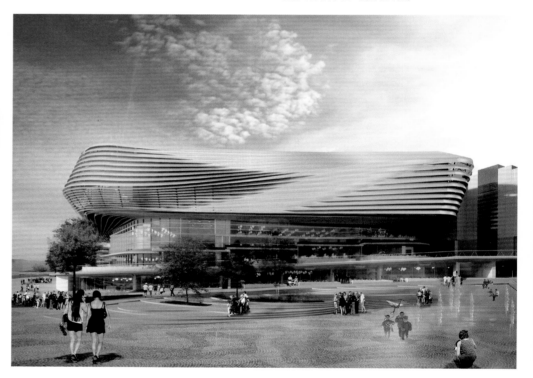

第52届国际景观设计师联盟世界大会开始筹备

52nd WORLD CONGRESS
INTERNATIONAL FEDERATION OF LANDSCAPE ARCHITECTS
Moscow, St.Petersburg, Russia 2015

第52届国际景观设计师联盟世界大会（IFLA World Congress）将于2015年6月7日至15日在俄罗斯莫斯科和圣彼得堡举行。这届大会的主题是：未来的历史。

这是国际景观设计师联盟世界大会历史上首次在俄罗斯举办。俄罗斯拥有丰富的自然、半自然以及人造景观，这片神奇的土地让国际景观设计界又看到

那些曾经消失的珍贵景观的复兴与重建。

本届大会"未来的历史"针对景观设计及景观设计师在过去、现在和未来面对的机遇和挑战，具体包括如下问题：

·从东方到西方：现代景观设计的融合与创新
·21世纪的人文景观和自然景观：保护、重建与修复；研究如何将之融入现代的城市和乡村景观
·景观基础设施建设（绿地与水景）与可持续城市开发

布莱·坦纳凭借"耳蜗设计"赢得澳大利亚工程师协会竞赛

澳大利亚布莱·坦纳工程公司（Bligh Tanner）在澳大利亚工程师协会（EA）举办的"自由落体设计概念竞赛"（Freefall Experience Design Ideas Competition）中，凭借其独特的"耳蜗设计"一举拔得头筹。这一设计方案将为堪培拉占地250公顷的澳大利亚国家植物园增加一道亮丽的风景。

这项竞赛旨在为澳大利亚国家植物园里的"自由落体森林"（Freefall Forest）建造一个构筑物，供未来数十年中到此旅游的游客观赏，同时也要体现出工程设计上的创新和卓越。大赛邀请了澳大利亚的工程师和其他富有创造力的专业人士共同为之出谋划策。

获胜方案是一个通透、流线型的大型雕塑结构，由耐候钢、不锈钢和岩石构成。整个构筑物掩映在树木的枝叶中，顶部呈螺旋状，其造型以及带给人的感官体验，灵感都来自人工耳蜗——澳大利亚的一项世界知名的工程技术成就，为聋人或有严重听觉障碍的人带来听力。

大赛评委会认为，这一作品体现了工程设计上的绝妙构思，同时完美融入了周围环境，而且最重要的是，对游客来说极具吸引力。贝壳状的造型和悬臂式结构巧妙影射了人工耳蜗——澳大利亚改变了无数人生活的一项工程创新技术。在这一设计方案中，耳蜗状的结构与森林的背景融为一体，在材料的选择上也尤其考虑了周围树木的品种、形态和色彩。这里将既是游客旅程的开始，同时也是他们的一处观光目的地。设计师成功融合了工程设计的方方面面，采用交互式"信息节点"，在不同的智能和感官层面上让游客进一步去探索这一工程设计以及周围森林的感官体验。休闲区既适合独处，也可以举办各种活动或庆典。"螺旋"底部的沼泽里种植新的植物，将有助于改善水质。

2015年"绿色未来"大会将于墨西哥举行

加拿大景观设计师协会（CSLA）2015年大会将于2015年5月20日至23日在墨西哥市举行。这届大会的主题是"绿色未来——明日宜居之城"。

2015年的墨西哥CSLA大会将探讨如下课题：城市将如何变化？景观设计师将扮演何种角色？又如何在未来城市的建设中起到领军的作用？景观设计师的决策通过日积月累，逐渐在很大程度上决定了城市的面貌。城市规划、绿地以及其他基础设施的规划和建设、城市环境设计、交通道路规划、公园及开放式空间的建设等，全都取决于景观设计师。随着城市逐渐发展变化，景观设计师如何超越其传统角色，进一步发挥其影响力？

过去，城市的发展主要基于本地居民在社会、经济和文化等方面的需求。深深植根于本地人文传统和社会结构的社区，也决定了城市的开发模式。加拿大和墨西哥的许多景观设计师都非常重视景观的人文传统，包括土地和人民，这两者对打造宜居城市来说都是不可忽视的。成功的未来之城将关注对人文传统的保护和传承。景观设计师在作品中使用历史元素或文化元素，将成为打造成功城市、建设团结社区、塑造居民自信心的重要一环。

本届大会将关注城市发展的新动态——"绿色未来"，探讨景观设计师为此做出了哪些工作，以及未来他们的设计又将在以下三个方面上有何作为：
- 城市的景观环境和基础设施
- 动态交通
- 传统和文化的保护

奥兰多迪斯尼乐园四季酒店

景观设计：EDSA 景观设计公司
竣工时间：2014 年
项目地点：美国，佛罗里达州，奥兰多
面积：10.5 公顷
摄影：EDSA 景观设计公司

　　世界环境景观规划设计行业的领军企业 EDSA 景观设计公司受邀为奥兰多迪斯尼乐园里的四季酒店制定总体规划并打造全方位的景观设计。酒店于 2014 年 8 月 3 日正式开放。EDSA 凭借在景观规划、"硬景观"设计、水景设计以及细节的关注等方面专业、杰出的设计，为这家备受期待的酒店营造出和谐统一的景观环境。

1

2

EDSA副总裁、项目经理罗伯·哈奇森(Rob Hutcheson) 表示："我们的目标始终不变，那就是确保我们设计的方方面面都能带来完美的用户体验。除了打造能对人产生积极影响的户外空间之外，我们希望游客、当地居民和酒店住客都能在这里尽情体验一次发现和探索之旅。我们尤其关注空间体验，关注四季酒店住客的感受、行为、反应以及他们会如何享受我们创造的空间。"

1. 酒店入口
2. 花草树木井然有序
3. 酒店毗邻湖泊
4. 夜景
5. 植被茂盛
6. 椰枣树为主人行道带来阴凉

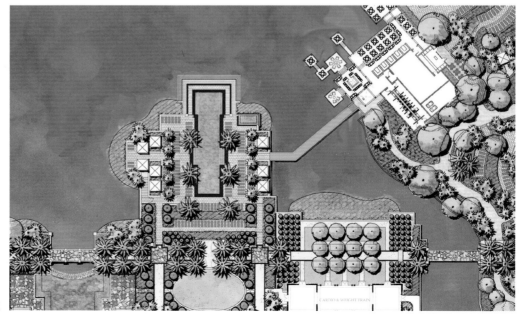

平面图

这家四季酒店位于迪斯尼乐园新开发的"金橡"（Golden Oak）住宅区里，是一家拥有443间客房的奢华酒店，是迪斯尼乐园中第一家达到"五钻"级别的酒店。酒店占地面积达10.5公顷，周围有茂盛的自然植被。EDSA的设计旨在与周围的自然环境相协调，营造出安详宁静的氛围。这家酒店的特色景观是中央的湖泊以及周围的湿地，酒店包括会议室、餐厅、SPA水疗馆、健身中心、泳池、商务中心、多种户外活动空间以及一个大型"探索岛"。

这家酒店的设计借鉴了欧洲传统建筑风格，体现出经典、永恒的空间特质，同时也融合了现代酒店环境的特点。酒店主体大楼和功能区的布局尽量利用户外的景色，包括优美的湖泊、茂盛的植被、绿油油的高尔夫球场和充满大自然气息的湿地，屋顶餐厅和有些客房还能够欣赏迪斯尼乐园"魔幻王国"（Magic Kingdom Park）里美轮美奂的烟火夜景。本案的设计特色包括凉廊、柱廊、立柱和拱门、宏伟的台阶以及金属装饰元素。

地中海花园

由于这栋建筑是地中海风格，所以EDSA的景观设计（包括"硬景观"和水景）尤其注重打造室内外紧密衔接的空间。大道两边种植了海枣棕榈树，茂盛的枝叶在道路上方形成天然的遮棚。这条绿荫大道指引着酒店住客前往各种户外活动区。沿大道种植的意大利柏树仿佛一排排绿色的柱子，形成道边的"天然屏障"，同时也营造出一系列的户外空间，包括户外会议室、户外餐厅、活动草坪和健身中心等。柏树搭配了西尔维斯特棕榈树，为成人泳池和湖泊营造出优美的环境。最后，高大的紫薇树形成一道门廊，通往"探索岛"。

"探索岛"

EDSA 打造了一条水渠，使得花园浓郁的地中海风情由此自然地过渡到"探索岛"这个休闲娱乐区的自然风情。"探索岛"是个柑橘园，始建于 19 世纪，坐落在悬崖边，从这里能够俯瞰湖泊的美景。约 50 株成熟的美洲栎覆盖了 9 米多宽的范围，是从旁边的四季酒店高尔夫球场上移植过来的。"探索岛"上有家庭泳池，带有露天体育场式的阶梯座椅，大屏幕上播放着跳水的视频。此外，这里还有一条慵懒的小河、两架水上滑梯、一面攀岩墙，湖边有烧烤设施，"四季儿童俱乐部"（Kids for All Seasons）里有操场和各种户外娱乐空间。沿小河种植的萨巴尔棕榈树拥有天然优美曲线的造型，营造出佛罗里达湿地附近常见的萨巴尔硬木群落景观。

湖泊

湖泊西边种植了本地观赏性草坪、橡树、萨巴尔棕榈树和松树等，让花园的地中海风情又过渡回周围天然湿地和水渠的大自然氛围。四季酒店的景观设计总共采用了 114 个不同的植物品种，共计 2500 株树木、约 8 万株灌木和地表植被。

1. 水景
2、4、5. 泳池
3. 湖中喷泉
6. 儿童滑梯

索诺马县儿童博物馆玛丽花园

景观设计：贝斯景观事务所
项目地点：美国，加利福尼亚州，圣罗莎
竣工时间：2013 年
设计顾问：科学艺术工作室（Scientific Art Studios）、水景设计公
司（Aquascapes）
委托客户：索诺马县儿童博物馆
面积：0.4 公顷
预算：180 万美元
摄影：帕特里夏·阿尔加拉（Patricia Algara）

植被设计

　　玛丽花园（Mary's Garden）的植被设计有如下要求：要达到当地节水灌溉的标准，要易于维护，吸引传粉昆虫，还要包含至少 80% 本地植物品种。此外，植被设计除了要特别注意对儿童无害，还要考虑孩子们在花园里游戏、探索时的踩踏问题，所以要足够强韧。美国贝斯景观事务所（BASE Landscape Architecture）的设计不仅营造出优美的风景，而且吸引了大量传粉昆虫，孩子们也能在园中尽情游戏和学习。

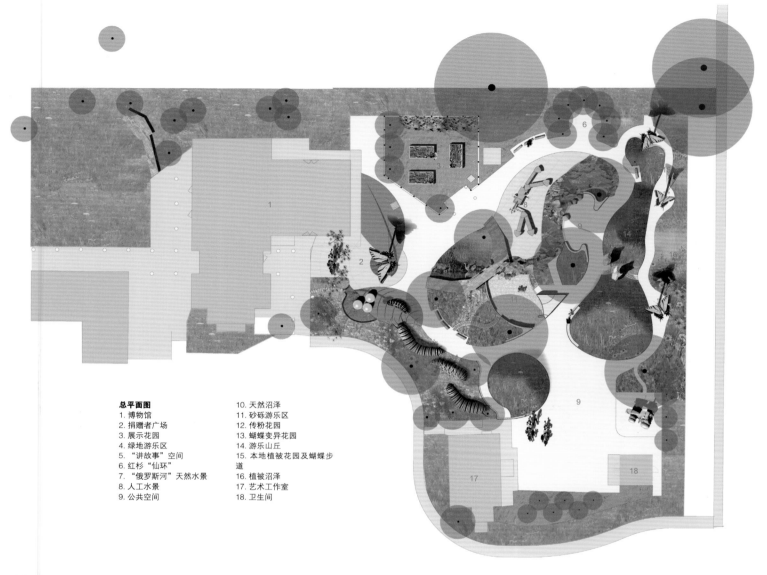

总平面图

1. 博物馆
2. 捐赠者广场
3. 展示花园
4. 绿地游乐区
5. "讲故事"空间
6. 红杉"仙环"
7. "俄罗斯河"天然水景
8. 人工水景
9. 公共空间
10. 天然沼泽
11. 砂砾游乐区
12. 传粉花园
13. 蝴蝶变异花园
14. 游乐山丘
15. 本地植被花园及蝴蝶步道
16. 植被沼泽
17. 艺术工作室
18. 卫生间

索诺马县自然环境横断面 （玛丽花园设计理念的来源）

滨海区　　沼泽　　　　　橡树林地　　　湖泊区

红杉　　　　　　　　　　　　　　葡萄园　　农耕区

天然沼泽植物列表
（亲水植物，营造出奇幻的滨水景观）

| 大叶蚁塔 | 纸莎草 | 白杨或桦树 | 反曲灯心草"非洲发型" | 伯克利苔草 | 道格鸢尾 | 红瑞木 |

雨水管理

　　这座花园的灌溉需要大量用水，所以对于委托客户来说，补充地下水就成为首要问题。设计师在花园地势最低处规划了一片植被沼泽，所有雨水都汇集到这里。沼泽位于花园围栏旁，里面的植被与花园景观融为一体，使其看起来就像是花园固有的一部分。

1. 天然沼泽
2. 孩子们在"俄罗斯河"上的人行桥上玩耍

传粉花园植物列表
（耐旱植物，有利于形成野生动物栖息地）

海螺美洲茶

钓钟柳

欧蓍草

鼠李

伯克利苔草

大苞鼠尾草

薰衣草

狮耳花

克利夫兰鼠尾草

大叶醉鱼草

紫色飞蓬

蓝蓟花

柳叶菜

加州羊茅

设计详述

户外空间也是索诺马县儿童博物馆教育设施的一部分，其设计理念旨在打造互动式儿童游乐空间。设计初衷是让儿童亲密接触大自然，借此来激发他们未来学习的兴趣以及对环境保护的意识。

玛丽花园的名字"Mary"源自西班牙语里"Mariposa"（蝴蝶）这个单词。园如其名，孩子们在园中能看到蝴蝶的变异和传粉过程，还可以在"迷你农场"里种植、收获、"售卖"各种蔬菜和水果。

1. 传粉花园里橘色的加州罂粟花（加州州花）和火把莲分外抢眼
2. 多种当地植物混合
3. 主路边的传粉花园
4. 传粉花园里的小径用柳条篱笆围起来

"毛虫"设计理念手绘图

本案的设计借鉴了索诺马县自然环境的横断面（从内陆的农耕河谷到太平洋）。因此，本案的设计以水体为中心展开。项目用地上最主要的水体是"俄罗斯河"，源头在山里，流经项目用地，直到海滩，中间经过砾石层和沼泽，为孩子们创造出绝佳的探索和学习体验。河流的一部分用作"水力展示区"，演示水力发电的过程并展示相关的各种设施，如手动泵、阿基米德式螺旋抽水机和水坝等。

节水是本案施工中的一项重点。来自河流的水源首先通过沼泽中的植被进行净化，然后通过紫外线过滤层，最后再进行系统的循环利用。本案不用任何化学物质，确保孩子在水中玩耍的安全，也保证了植被在沼泽中茂盛生长。沼泽主要采用本地适应能力强的植被，是当地一个苗圃为本案 专门培植的。

贝斯景观事务所与科学艺术工作室合作，共同打造了互动式游乐设施，让孩子们能够学习蝴蝶变异的过程。"织网蛋"的大型框架结构是回收利用的圣诞节装饰物，既能攀爬，也能藏身。孩子们可以在蛋壳内攀爬，内部的材料是金属丝网。"毛毛虫"是园内的特色小径，

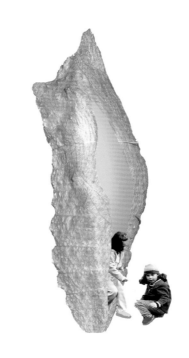

"蝴蝶"设计理念手绘图

材料上使用了钢铁和绳索。随着时间流逝，藤蔓植物会爬满整个结构。此外，还有一条"软毛虫"，采用了装填垫料，可以攀爬。园内的蝴蝶装置有活动翅膀，孩子们通过摇动手柄就能使蝴蝶翅膀动起来，看起来就像蝴蝶在天空飞舞一样。另外还有通过太阳能或风能提供动力的大型蝴蝶装置。

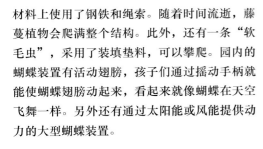

1. 本地花园和蝴蝶小径
2. 游人在为展示花园浇水灌溉
3. "俄罗斯河"的天然水景
4. "织网蛋"，背景处种植了伯克利苔草
5. 活动蝴蝶装置

曼谷帕红尤田区玛瑙公寓景观

景观设计：Shma 景观设计公司
设计总监：尤萨蓬·文松（Yossapon Boonsom）
主持景观设计师：查农·旺卡仲凯（Chanon Wangkachonkait）、尤西·蓬普拉西（Yossit Poonprasit）
园艺师：威蒙蓬·蔡亚泰（Wimonporn Chaiyathet）
建筑设计 / 机电工程：泰国 P&T 建筑设计集团（Palmer & Turner (Thailand) Ltd.）
设备工程：Infra 技术公司（Infra Technology Co., Ltd.）
委托客户 / 开发商：泰国盛诗里房地产公司（Sansiri Venture Co., Ltd.）
项目地点：泰国，曼谷
竣工时间：2013 年
项目类型：住宅景观
面积：2,590 平方米
预算：2,300 万泰铢
摄影：威森·唐森亚（Wison Tungthunya）

2

1、2.阶梯草坪与花池

帕红尤田区玛瑙公寓（Onyx Phaholyothin）位于曼谷最繁华的街区，毗邻一条繁忙的街道，周围环绕着鳞次栉比的建筑物。

本案的设计理念是"通道"，通过打造一系列的过渡空间，营造从曼谷大街到玛瑙公寓、从室外环境到室内空间的一段独特的景观之旅。这些过渡空间不仅能够让人们从此经过时转变情绪，而且为周围的建筑和设施营造了独特的背景环境。

Shma 景观设计公司（Shma Company Limited）打造了多种层次的不同的过渡空间。首先是一层的室外空间。公寓居民从一条繁忙的街道上走过来，缓缓穿过"石园"——进入公寓小区的门户花园，然后来到 12 米高的穿孔墙，也就是玛瑙公寓的正式入口。这面墙壁能够隔离噪声污染，而且能够屏蔽来自街道的视线，保护小区环境的私密性。此外，这面墙壁也成为玛瑙公寓的标志性元素，在街道上成排的店铺的单调形象中脱颖而出。

1. 泳池
2. 泳池夜景
3. 泳池鸟瞰

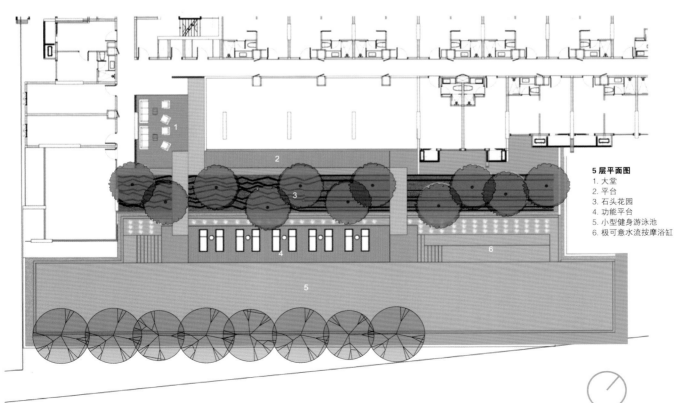

5 层平面图
1. 大堂
2. 平台
3. 石头花园
4. 功能平台
5. 小型健身游泳池
6. 极可意水流按摩浴缸

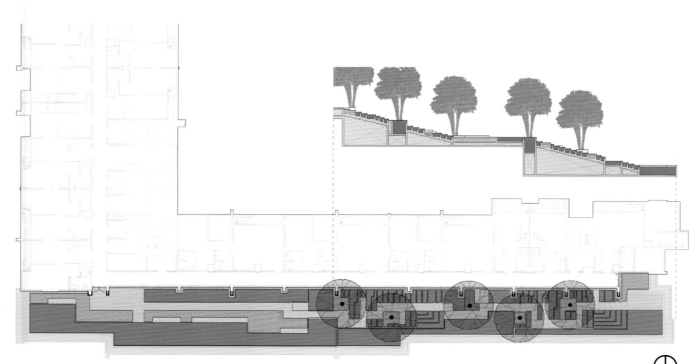

18、19、20 层踏步花园平面图

过了入口墙壁后，居民就来到"森林区"。这里种植了茂盛的热带植物，植物中间还设置了成排的带状水景，为空间带来湿润的空气和灵动的水声。景观之旅就在这里结束，在进入公寓大厅之前，居民已经感受到宁静的氛围。

5层的设备区设置了下沉的"石园"，不仅在住宅区和泳池区之间形成过渡空间，而且为泳池的空间营造了独特的背景环境。公寓居民必须经过这个"石园"才能来到泳池平台——悬于50米长的小型健身游泳池上方的一个空间。

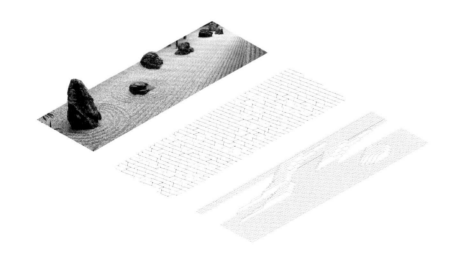

1. 条状水景
2 ~ 5. 水景特写

石材设计理念示意图

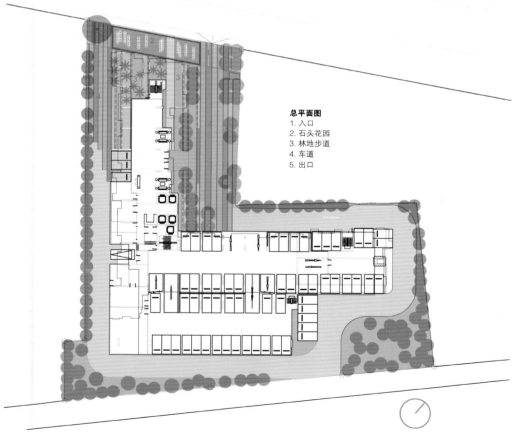

总平面图
1. 入口
2. 石头花园
3. 林地步道
4. 车道
5. 出口

18 层、19 层和 20 层的屋顶花园设置了一系列的草坪和花池，将这三个独立的花园连接起来，形成一个统一的空间。这样，公寓居民就有一个比较宽敞的空间可以散步、交流。屋顶花园在半空中形成了一个独特的人工假山，居民可以在这里休闲放松，欣赏曼谷天际线的美景。

1 ~ 3. 正门景观
4. 铺装特写

景观设计理念示意图

景观区：   设计策略：

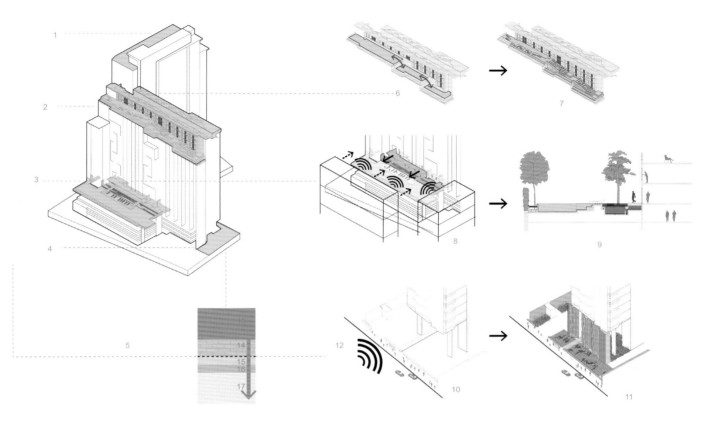

1. 屋顶花园（可用于烧烤）
2. 踏步花园（18、19、20层）
3. 砾石花园（5层，带泳池和平台）
4. 石头花园（1层入口处）
5. 过道
6. 分离（断开连接）
7. 连接（丰富了使用功能）
8. 从毗邻的建筑物中可以俯瞰景观全景
9. 设计方案将交通分为不同的层次并创造出一面绿色的"过滤墙"

10. 隔离层能够过滤交通主干道上的污染物
11. 特色墙作为该地的标志物
12. 噪声污染／灰尘污染
13. 城市环境
14. 石头花园
15. 特色墙
16. 林地
17. 居住区

阿尔阿塞巴河床景观改造

景观设计： AJOA 景观事务所
项目地点： 阿曼苏丹国，马斯喀特

阿尔阿塞巴河床（Wadi Al Azeiba）位于阿曼首都马斯喀特市中心以西，机场以东 5000 米，原本是是一处废弃的干涸河床。干涸河床是危险和洪水的代名词。每年都有那么几天，雨水会注入河床中，将城市格局切分开，也切断了交通动线。其他时间里，干涸的河床大多时候都是废弃的荒地，往往用作垃圾倾倒场。经过改造，这样的地方完全能够成为充满生机的空间，为附近居民区带来新的气象，通过绿地的规划和人行步道的设置，形成一张城市绿化网，将马斯喀特的各个街区衔接起来。

阿尔阿塞巴河床周围地形图
马斯喀特六大景观开发项目

项目名称：
阿尔阿塞巴河床景观改造
项目时间：
一期工程：设计时间2010年，施工时间
2011年-2012年；
二期工程：设计时间2014年
项目经理：
梅希尼·埃鲁蒂（Maythinie Eludut）
景观设计团队：
雅克琳娜·奥斯蒂（Jacqueline Osty）、
梅希尼·埃鲁蒂（Maythinie Eludut）、阿
德里安·托马斯（Adrien Thomas）、盖洛
德·勒高佐（Gaylord Le Goaziou）
照明设计：
概念设计工作室（Concepto）
工程设计：
科威工程咨询公司（COWI）
委托客户：
马斯喀特市政府
面积：
一期工程2公顷；二期工程13公顷
摄影：
雅克琳娜·奥斯蒂

阿尔阿塞巴河床是一条蓝色的城市脉
络，穿过一片居民区的中心，一端是高
速公路，另一端通向海洋，连接着绿
山（Jabal Al Akhdar）与阿曼湾。这条
深深嵌入地下的城市印记，连同附近
地区的地形地貌，就是法国 AJOA 景
观事务所（Atelier Jacqueline Osty &
associés）为马斯喀特市规划的绿化
网的第一步。这是马斯喀特采用新的

植被平面图

1. 人行漫步道上的椰枣树及草坪与河岸上的植被景观形成对照
2 ~ 4. 河岸边的草坪上用碎石铺设的小径，数量根据河岸坡地的陡峭程度而有所不同

景观规划策略建设的首个城市公园。本案的目标是为阿尔阿塞巴这一街区的居民和游客重新营造自然景观环境。

阿尔阿塞巴河床的景观改造为附近街区带来一种新的生活方式，赋予公共空间更多的用途。河床的开发提升了公共空间的环境质量，使这里更适宜居住。优美的环境让人们更愿意休闲散步，减少了汽车的使用。将垃圾倾倒场改造成人们休闲聚会的好去处，街区的休闲中心，这也是本案设计的目标之一。

本案以现代的设计手法结合了自然山景、梯田与干涸的河床，沿河岸设置了高低各异的散步道，并在河床内设置了运动跑道。

河床与水

河床的改造还涉及水的问题——如何兼顾雨水与洪水的处理？

阿尔阿塞巴河床的改造能够应对偶尔爆发的洪水，雨水就更不用说了，因为河床有足够的宽度。另外，各种景观元素也大都是粗犷型的，能够抵御洪水的侵蚀。比较精致复杂的、观赏性的元素都设置在较高的步道上，而比较坚固的元素和材料则用于河床低处。植被的处理也遵循同样的原则：耐旱的植物种植在河床里，而观赏性植物则设置在高处的河岸上。

本案的设计还特别关注景观小品和照明元素。河床上夜间景观照明效果良好，气候凉爽时，附近居民可以在夜晚到此散步。

1. 岸边植被中用混凝土板铺设的小路
2、3. 人行漫步道上种植了观赏性植物和椰枣树
4. 南岸现在用作体育健身场地
5. 河岸的地面铺装采用了不同大小的石材，界定出不同的区域，形成一条休闲漫步道，并设置了混凝土长椅

横断面

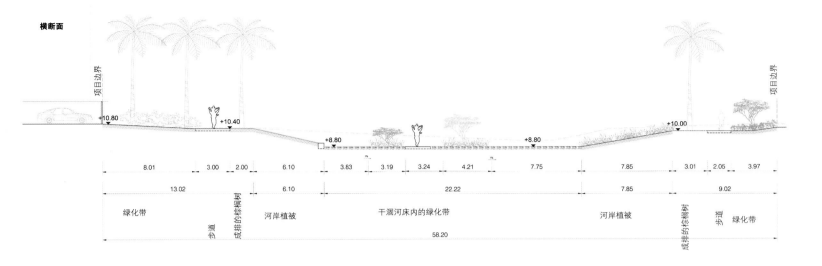

| 8.01 | 3.00 | 2.00 | 6.10 | 3.83 | 3.19 | 3.24 | 4.21 | 7.75 | 7.85 | 3.01 | 2.05 | 3.97 |

| 13.02 | 6.10 | 22.22 | 7.85 | 9.02 |

绿化带　步道　成排的棕榈树　河岸植被　干涸河床内的绿化带　河岸植被　成排的棕榈树　步道　绿化带

58.20

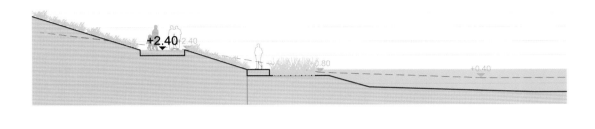

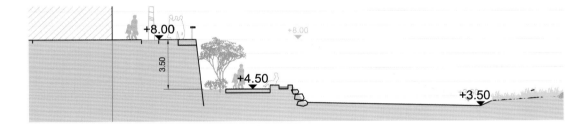

不同位置河岸剖面图

眼睛电影博物馆广场与滨水公园

景观设计： LANDLAB 景观事务所
项目地点： 荷兰，阿姆斯特丹

阿姆斯特丹市政府在中央车站以北规划了一个名为Overhoeks的高密度新城区。这一地区离IJ河沿岸的阿姆斯特丹市区中心很远，需要一座标志性建筑来将Overhoeks区与IJ河以及阿姆斯特丹历史悠久的市中心联系起来。这座标志性建筑容纳了一家新博物馆——眼睛电影博物馆（EYE Film Museum）。来自奥地利的DMAA建筑事务所（Delugan Meissl Associated Architects）以其超凡脱俗、极其吸引眼球的设计赢得了博物馆的建筑设计竞赛。根据相关的安全规则，这栋建筑不能直接毗邻水边。因此，在博物馆和IJ河之间需要规划一片过渡空间。

项目名称：
眼睛电影博物馆广场与滨水公园
竣工时间：
2012年
委托客户：
阿姆斯特丹市政府、项目筹备委员会
设计任务：
眼睛电影博物馆前的广场设计；IJ河沿岸滨水公园的设计
面积：
4公顷
摄影：
马克·黑尔（Mark Hell）

1. 路堤边的带状草坪里种植了野花
2、5. 长长的休闲大道可以散步也可以骑自行车
3、4. 公寓边的混凝土路缘可以闲坐

早在2008年，LANDLAB景观事务所（LANDLAB studio voor landschaps architectuur）就曾受邀设计这座博物馆周围的环境。LANDLAB的设计特意避免让环境与这栋建筑的造型形成竞争的关系，力争让博物馆、广场和IJ河之间

的过渡做到尽量自然。在博物馆的滨水一侧，LANDLAB规划了一个宽敞、清新的广场，里面包含一系列慵懒闲适的混凝土坡地。这些坡地彼此相连，形成多种多样的边缘空间，可供市民闲坐、游玩、欣赏风景。博物馆后面规划了一片绿地，让博物馆自然地过渡到滨水公园（Oeverpark）。

自从2012年荷兰女王宣布眼睛博物馆正式开放以来，这里已经吸引了无数游人，广场也派上了大用场，人们在这里休闲散步，享受阳光，欣赏美景。

滨水公园

滨水公园是IJ河北岸新开发区Overhoeks的一部分。这座公园的所在地是长650米、宽50米的一片新开发的土地。LANDLAB景观事务所利用狭长的地形，将其打造为一条散步大道，不论是步行还是骑自行车，人们都可以在这里感受IJ河的壮美，享受阳光和微风，欣赏阿姆斯特丹古老市中心的美景。

这座公园可以分为四个区块：沿公寓楼设置的混凝土边缘（用于闲坐）；宽阔的坡地草坪区（种植了榆树）；长长的散步大道（适合散步或骑自行车）；码头区。为了体现出IJ河雄浑大气的特点，设计师采用了朴素、粗犷的材料：小路采用沥青；边缘的高台采用混凝土；路堤采用玄武岩。景观绿化包括坡地草坪、榆树以及沿着路堤的一条草坪绿化带，里面种植了野花。

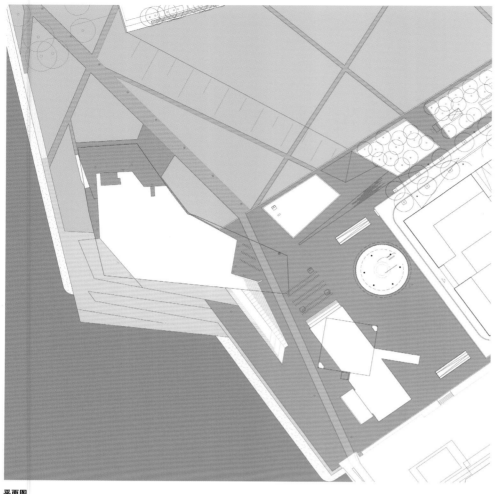

平面图

虽然这座公园凸显了IJ河与阿姆斯特丹历史悠久的市中心区的景色，但它最重要的作用还在于对阿姆斯特丹最重要的树种——榆树——的巨大贡献。公园里的所有树木都是榆树的植物学变种，共有32种。因为有些种类特别容易感染榆树的常见传染病，所以设计师特意采用抗病能力较强的树种与能力较弱的树种相结合，形成合理的混合模式，这样，即使患病的树木枯死，公园的整体环境仍能保持较好的景观效果。树木的视觉组合效果以树木形状和叶片颜色为基础来进行设计。所有不同的榆树品种都用圆环来标记，上面有树种的名字。

1. IJ河沿岸的眼睛电影博物馆广场，从这里能遥望市中心区
2. 公园的名字"Iepenarboretum"，意为"榆树园"，用不锈钢字母拼写而成，位于公园主轴线上

榆树品种

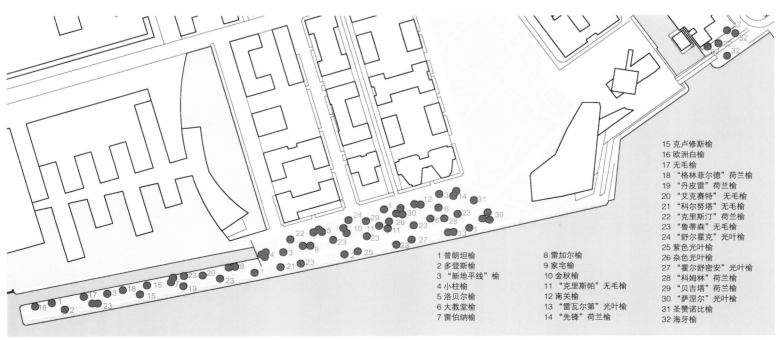

1 普朗坦榆
2 多登斯榆
3 "新地平线" 榆
4 小柱榆
5 洛贝尔榆
6 大教堂榆
7 雷伯纳榆
8 雷加尔榆
9 家宅榆
10 金秋榆
11 "克里斯帕" 无毛榆
12 南关榆
13 "雷瓦尔第" 光叶榆
14 "先锋" 荷兰榆
15 克卢修斯榆
16 欧洲白榆
17 无毛榆
18 "格林菲尔德" 荷兰榆
19 "丹皮雷" 荷兰榆
20 "艾克赛特" 无毛榆
21 "科尔努塔" 无毛榆
22 "克里斯汀" 荷兰榆
23 鲁蒂森 无毛榆
24 "舒尔霍克" 光叶榆
25 紫色光叶榆
26 杂色光叶榆
27 "霍尔舒密安" 光叶榆
28 "科姆林" 荷兰榆
29 "贝吉塔" 荷兰榆
30 "萨涅尔" 光叶榆
31 圣赞诺比榆
32 海牙榆

乔治墙

景观设计： POLA 景观事务所
项目地点： 德国，奥立克

1. 沿步道设置的草坪
2. 新与旧形成鲜明对照

项目名称：
乔治墙
竣工时间：
2014年
面积：
16,500平方米
摄影：
马丁·梅（Martin Mai）

乔治墙（Georgswall）的历史有几种不同的版本。一种版本说是为抵御北欧海盗而修筑的防御城墙。另一版本说是条运河，原来还有个港口，后来用作垃圾填埋地了。还有一种版本，说乔治墙在20世纪初是一座带状花园，20世纪末花园改造成了停车场和周末集市，失掉了原来绿地景观的生态价值，也没有什么特色。2008年，奥立克市政府针对这一问题举办了一场设计竞赛。

1. 积水池
2. 积水池鸟瞰图

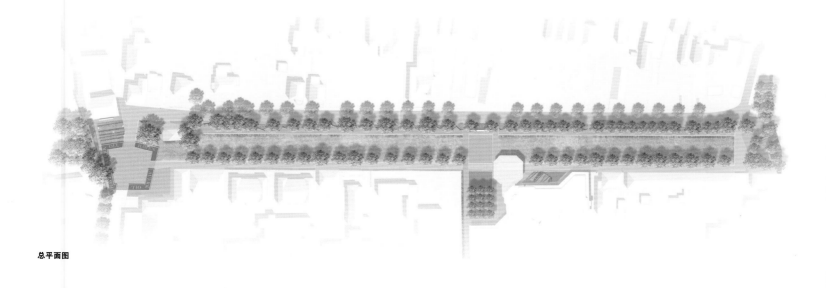

总平面图

总平面详图

POLA景观事务所（POETIC LANDSCAPE）凭借"讲故事的设计"的理念打动了评委会，荣获竞赛第一名。设计的总体思路就是借鉴乔治墙上述版本的历史并在设计中体现出这些不同的历史层次。

原来的防御城墙毗邻奥立克市相互交织的狭窄街道，呈现出线性开放式布局，这就为打造一条新的绿化带创造了可能性。绿化带内规划出一个区域作为集市的场地，中央的绿化带做开放式布局处理，营造出新的城区停车场。

如今的四个积水池还能看出原来历史上的港口的面貌。积水池上有"OLL HAVEN AUERK"的字样，是北部地区的一种古德语方言，意思是"老港口"。每个字母雕塑长达2.5米，置于积水池水面以下，采用巨型石灰岩雕凿而成。由于这些石头字母体量巨大，所以行人从积水池边经过时只能慢慢地阅读其含义。而这句话的意思也与该地历史相关，是对逝去时光的一种追忆。港口的图像印在主广场的地面上，也是意在唤起过去回忆的一种手法。

2

乔治墙为我们开启了无限的可能性，它的潜力和它的美都在周围人的眼中。这里呈现的词句要靠人们自己去理解其深刻的历史含义。本案的目标不是重建，而是为该地树立标志性的形象，由当地人、乔治墙及其历史构成的独特形象。时空在这里交错，为无尽的沉思冥想打开未知的大门。

1. 坐具设计
2. 广场上的喷泉水景
3. 水池
4. 广场是人们闲聊的好去处

线条设计理念图

1

乔恩·斯托姆公园

景观设计： 朗戈·汉森景观事务所
项目地点： 美国，俄勒冈州，
俄勒冈市

乔恩·斯托姆公园（Jon Storm Park）
位于美国俄勒冈州俄勒冈市威拉米
特河（Willamette River）沿岸，离
I-205立交桥不远，从前这里是木板
铺设的一片河堰。这座公园的开发是
一个更大的滨水区与道路开发项目的
一部分，涉及到的规划文件有：《俄
勒冈市滨水区整体规划》、《道路整
体规划》和《俄勒冈市公园与娱乐区
整体规划》等。项目用地毗邻威拉
米特河与克拉克马斯河（Clackamas
River）交汇处，离威拉米特瀑布也
很近，这使得公园的开发能够享有
丰富的自然景观和人文景观。这里
曾是印第安拓荒者定居的地方，在
那之前，这片数十万水鸟的栖息地，
是美洲原住民（土著印第安人）每年
两次来到威拉米特瀑布时（在鲑鱼
洄游期间）的临时露营地。迁徙的
印第安人包括莫拉拉人（Molallas）、
卡拉普亚人（Calapooyas）、蒙诺
马人（Multnomahs）、特尼诺人
（Teninos）和切努克人（Chinooks）
等多个民族。据说，临时露营地可能
在2500~3000年前就已经存在了。曾
经用于支撑巨型吊车的一面板桩墙，
如今还在那里，那架吊车曾经把木材
运输卡车上的木料吊起，放到下方的
木筏上。

1. 全景鸟瞰
2. 步道特写

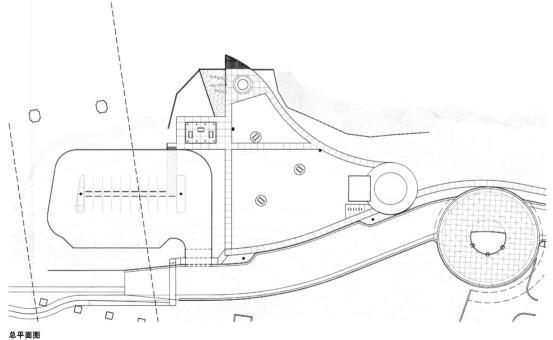

总平面图

项目名称：
乔恩·斯托姆公园
竣工时间：
2012年1月
委托客户：
俄勒冈市政府
面积：
2公顷
摄影：
布鲁斯·福斯特（Bruce Forster）

1. 乔恩·斯托姆大桥
2. 公园里的长椅

朗戈·汉森景观事务所（Lango Hansen Landscape Architects）设计的乔恩·斯托姆公园使得威拉米特河沿岸的美景可供人欣赏，新规划的草坪可以有灵活的用途，蜿蜒的小路穿梭在滨水野生生物栖息地上。这座公园是个娱乐活动中心，尤其是划船运动，有一条道路与99E自行车道相连，穿过克拉克米特公园（Clackamette Park），通向威拉米特河散步大道。公园和道路的设计采用了本地植被、当地石材、透水性铺装材料等，设置了野餐区、观景台、引导标识和生态沼泽，后者能够收集并过滤用地上的所有雨水。这座公园既可以用作休闲聚餐的场所，也可以用于河流沿岸每年举行节日大型活动的场地。

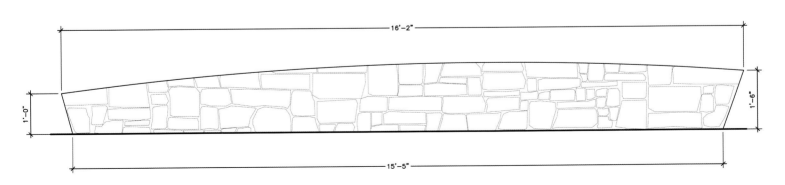

石堤

这座公园内包括多条散步道，直接与停车场、卫生间、临时步道以及一个悬臂式观景台相连。观景台悬于古老的板桩墙上方，蔚为壮观，从台上可以欣赏下方的威拉米特瀑布以及河流的风景。主要散步道旁边设置了引导标识，介绍了该地的历史，以及这片开放式空间对于俄勒冈市未来发展的重要性。草坪上、步道旁都设置了野餐用的桌子，此外，还用石材修建了一系列矮墙用于闲坐，同时也影射了俄勒冈市各处发现的石墙古迹。这些矮墙为人们提供了休闲聚会、观赏风景的场所，在这里可以一边吃午餐，一边欣赏河流上穿梭的船只。

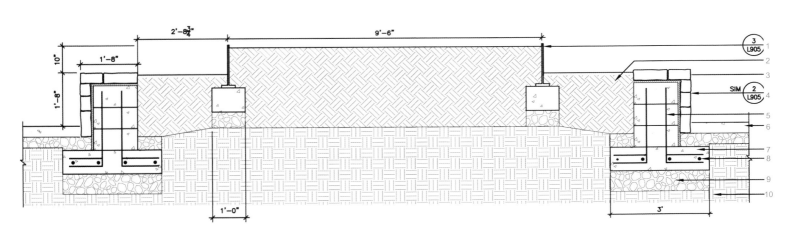

中央花池剖面详图
1. 耐候钢
2. 表层土
3. 2 号石材
4. 矮石墙
5. 螺纹钢

6. 人行步道混凝土铺装
7. 混凝土底脚
8. 长螺纹钢
9. 混合基层压实
10. 底土压实

1. 悬臂式观景台
2. 引导标识
3. 乔恩·斯托姆码头
4、5. 凉亭

格莱斯德赖克公园

景观设计： 洛伊德尔景观设计与城市规划事务所
项目地点： 德国，柏林

格莱斯德赖克公园（Park am Gleisdreieck）的设计开创了柏林现代城市公园的一种新模式。设计方——洛伊德尔景观设计与城市规划事务所（Atelier Loidl Landscape Architects and Urban Planners）——表示："我们想要塑造一座柏林特有的公园——粗犷、刚健，同时又有十分感性的氛围，能够适应人们不同的用途和各种生活方式。格莱斯德赖克公园有几个固定功能的区域，此外还有一些使用方式灵活的空间，具体用途可供游客自行开发。公园内所有元素的设计都是以上述原则为基础的。宽敞的空间、质感丰富的表面、坚固的大型户外设施，再加上小树林和草地，形成了一道独特、亮丽的城市风景线。"

格莱斯德赖克公园位于东柏林克洛伊茨贝格区（Kreuzberg）的中心，2013年夏天正式开放。从前这里是一块三角形的道路交叉口。这座公园将成为未来在柏林西部开发的占地36公顷的绿地的一部分。

1. 铁路沿线的草甸
2. 散步小道

平面图
1. 入口
2. 平台 / 人行漫步道
3. 德国科技博物馆
4. 火车站
5. 中央绿化区
6. 游乐区
7. 滑板公园 / 滨水公园 /
   体育健身区
8. 社区花园
9. 咖啡馆

公园的名字 "格莱斯德赖克" 在德语中是 "三角铁路" 的意思，因为当地的世纪之交高架铁路在这里形成一个三角形。自从1945年以来，这里一直是一片荒地。几十年间，这片土地一直归德国国家铁路所有，如今首次融入了城市开发的格局。

城镇建设基本协议除了包括这座公园的建设之外，还包括公园周围约16公顷土地的开发。为了实现可持续城市规划的目标，让格莱斯德赖克公园与市民更亲近，公园周围还将开发住宅区，生态环保的 "零碳" 居住环境适合多代人共同居住。

格莱斯德赖克公园的建设为柏林市区增加了一个风景优美的现代城市公共空间。这里没有过多的装饰，虽然看上去非常简单，却形成了自身独有的风格，精致的细节、感性的材料、生机盎然的植被，营造出充满诗意的氛围。

自然景观（植被）与人工元素之间形成鲜明的对照。诗意的景观元素融合在一起，形成整体的优美风景。格莱斯德赖克公园是柏林的一处绿色休闲区，让市民能够更好地体验柏林的公共空间和城市环境。

项目名称：
格莱斯德赖克公园
竣工时间：
2011年（公园东部），
2013年（公园西部）
委托客户：
柏林市政府
面积：
36公顷
摄影：
朱利安·拉努（Julien Lanoo）

1. 草甸边的人行漫步道
2. 健身设施
3. 有色混凝土散步道

宽敞的空间、高原一般绵延的土地、超脱尘世的环境氛围，使这座公园成为柏林的独特一景。公园的空间结构非常清晰、大气，却形成了诗意盎然的风景，同时营造出一种整体景观环境，其中包括绵延的草地、作为环境背景的树木、森林、苗圃、宽敞的平台、小型的林地、运动跑道以及中央广场等。

坚实、耐用的材料对于成功的景观设计理念和公园的长期使用来说至关重要。平台上设置了四条绵延80米的长椅，配有照明灯，除了座椅的基本功能之外，同时也是公园里的巨型雕塑，成为格莱斯德赖克公园的一大特色。

在本案的设计中，设计师更侧重这片土地未来的发展，并希望使其呈现出全新的面貌，改变之前作为铁路用地的模样，也不是过去荒无人烟的那段时期形成的自然景观。未来，这里有了人的活动，环境必将发生某种改变。这片土地的历史是接下来一段新旅程的起点，而新的旅程不会囿于历史。新公园将为这里注入生机，改变环境的样貌，让某些古老的东西重换新颜，并且最终会成为受到附近居民和游客喜爱的地方。这里的环境跟周围城区形成鲜明的对比，让人们体验到休闲和放松。

设计师的初衷是让格莱斯德赖克公园体现出柏林真正的形象——多元的文化；精致而不炫耀；现代的气息；灵活；充满趣味性；最重要的是，感性。设计师希望这座公园能在老城区和波茨坦广场（Potsdamer Platz）上的新生活之间搭建起一座桥梁。

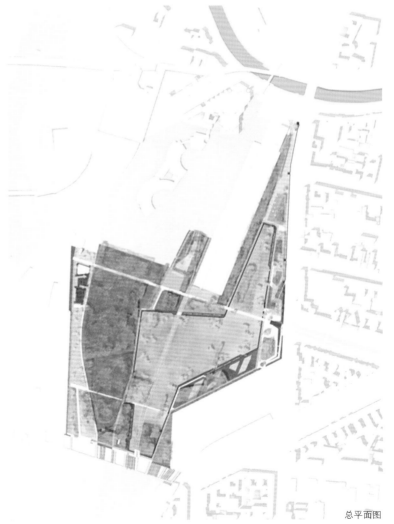

总平面图

材料：
步道：有色混凝土、柏油路
小品：混凝土长椅、平台复合木长椅、花旗松野餐桌椅
照明：各种角度的灯柱
植物：桦树、枫树、洋槐

西克斯图斯海军炮台修复工程

景观设计：C.F. 莫勒建筑事务所
项目地点：丹麦，哥本哈根，霍尔曼海军基地

对于大多数丹麦人来说，一提起西克斯图斯海军炮台，就会联想起官方庆典上燃放礼炮的军事基地。正是在这里，丹麦王储腓列特曾紧密关注哥本哈根战役（1801年4月2日）的进程。

西克斯图斯海军炮台是丹麦历史遗产保护区。这里是一片防御工事，壁垒和炮台从霍尔曼海军基地延伸到哥本哈根港口。河堤上长满绿草，还有古老的菩提树和琢石墙，营造出一片风景优美的公共空间。然而，这片土地直至此次开发前，大部分区域还处于衰败的状态，需要进行彻底的修复和重建。

新资金的注入使得开发得以实现。大部分资金来自于莫勒基金会（A.P. Møller and Chastine Mc-Kinney Møller Foundation）的资助。C.F.莫勒建筑事务所（C.F. Møller Architects）承接了这项工程的设计工作。

本案的开发使得西克斯图斯海军炮台得到了修复，包括建筑和景观的全方位修复，使其地形地貌和特色又一次成为哥本哈根港口整体环境当中独特的一部分。本案的设计旨在充分尊重当地的独特性，包括其文化遗产和建筑遗产，设计中用到了历史记载和照片。

1. 河堤经过修复，清理了多余的土壤，草坪进行了校直
2. 修复后的河堤，近景处是 K 大桥（Krudtløbs Bridge），背景处是海军兵营，兵营前方是锅炉房
3. 新建的防波堤

总平面图   总平面图

项目名称：
西克斯图斯海军炮台修复工程
工程设计：
斯洛特－莫勒工程咨询公司
（Sloth－Møller Rådgivende Ingeniører）
合作设计：
索伦·吉佳德（Søren Kibsgaard，遗产保护建筑师）、
列夫·沃恩（Leif Vogn，石雕修复师）
面积：
6,500平方米
摄影：
延斯·林德（Jens Lindhe）

1. 精心设置的座椅
2. 河堤上种植草坪旗
3. 新建的台阶通向兵营和丹麦国

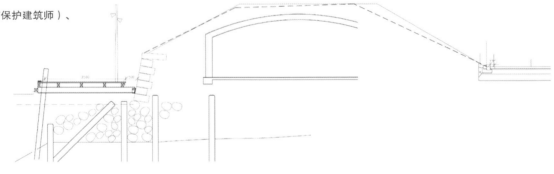

本案的目标包括加强这一地区的公共使用性。设计师专门为残障人士设置了通往河堤的道路，此外还增设了一条小路，新建了一道防波堤。新增的元素全部采用统一、现代的设计语言和经久耐用的材料。座椅、台阶、扶手和挡土墙都采用耐候钢制成，既淳朴，又有现代气息，与周围军事基地上风格刚健的设施能够很好地融合。同时，耐候钢的质地和颜色也融入了整体景观环境，既是新增的异质元素，又不会破坏用地上既定的历史氛围。

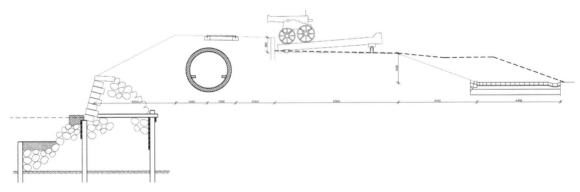

剖面图

曼德拉公园

景观设计：卡勒斯 & 布兰兹景观事务所
项目地点：荷兰，阿尔梅勒

曼德拉公园（Mandela Park）包含公园和广场两个部分，位于阿尔梅勒火车站附近的新商业区内，由卡勒斯&布兰兹景观事务所（Karres en Brands landscape architecture + urban planning）设计。这个新商业区内有三栋高层写字楼，由欧洲商会（Eurocommerce）投资开发，高120米，是弗列佛兰省最高的建筑物。曼德拉公园下方就是写字楼的地下停车场，而广场则在写字楼与火车站之间，这片空地是荷兰知名建筑师雷姆·库哈斯（Rem Koolhaas）为阿尔梅勒市所做的规划的一部分，为这座荷兰最年轻的城市塑造了边际线上的风景。卡勒斯&布兰兹景观事务所在原来完全的人造景观基础上营造了新的景观特色。

曼德拉公园位于两座四层的地下停车场的屋顶上。公园长200米，是荷兰最大的屋顶花园，在周围拥挤的城市环境中成为一片都市绿洲，水景、草坪、多年生植物、开花的灌木等景观元素营造出带有自然气息的都市风景。从写字楼上俯瞰下方，整个公园就像一幅绿色的拼贴画，随着季节的变换而呈现出不一样的色彩。大道边种植了成熟的悬铃木，既是这座公园的空间边界，同时也是视线的边界。200米长的水池位于公园北侧，绵延的水面让人尤其能体验到这座公园的体量。公园里的小路采用水磨石和沥青铺装，营造出连绵一体的表面。

1、2. 公园下方是写字楼的地下停车场

项目名称：
曼德拉公园
竣工时间：
2011年
面积：
3.3公顷
摄影：
卡勒斯&布兰兹景观事务所 /
弗朗索瓦·亨德里克斯
（ François Hendrickx ）

总平面图

植被设计示意图

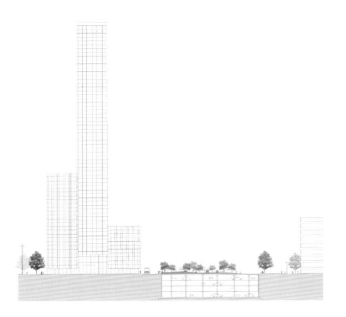

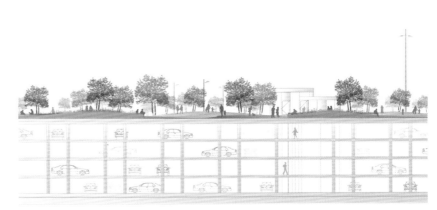

剖面图

公园和火车站之间规划出来的广场作为过渡空间，通过铺装的巧妙处理，起到空间衔接的作用。设计师采用了多种材料相结合，营造出条形码的铺装图案，让火车站和市中心地面的天然石材铺装与公园里水磨石和沥青的铺装实现了自然衔接。

1. 公园鸟瞰图
2. 道路两侧种有各种各样的植物
3. 园中小径

莫尔特河岸景观

景观设计： ACA 建筑事务所
项目地点： 法国，孚日省，拉翁莱塔普镇

总平面图

项目名称：
莫尔特河岸景观
竣工时间：
2012年
绿化设计：
ARPAE事务所
照明设计：
"公共场景"事务所（Scene Publique）
阿加特·阿赫高（Agathe Argod）
水力设计：
SINBIO事务所
结构设计：
阿尔托集团（Groupe Alto）
委托客户：
拉翁莱塔普镇政府
面积：
20,000平方米
河岸长度：
120米
造价：
255万欧元
摄影：
米歇尔·德南塞（Michel Denancé）

1. 全景鸟瞰图
2. 桥上可以散步也可以骑自行车

研究一个地区独有的特点，不仅能够保护当地的文化遗产，而且有助于设计师以该文化遗产为基础来塑造新景观。

法国孚日省的拉翁莱塔普镇沿莫尔特河（Meurthe）有一片绿地。这里曾经在很长一段时间内遭到遗弃，如今是镇政府投资开发的一个项目的中心区。巴黎ACA建筑事务所（Atelier Cite Architecture）在这个开发项目中负责沿岸景观的设计。

莫尔特河市区内的河道界定了这片绿地的范围。本案为这一区域规划了公共活动空间和自然景观空间，可以确保未来这一地区的可持续发展。

这一地区所处的战略性位置使其具有如下功能：
·将拉翁莱塔普镇的各个地方联系起来，进而让整个社区更统一

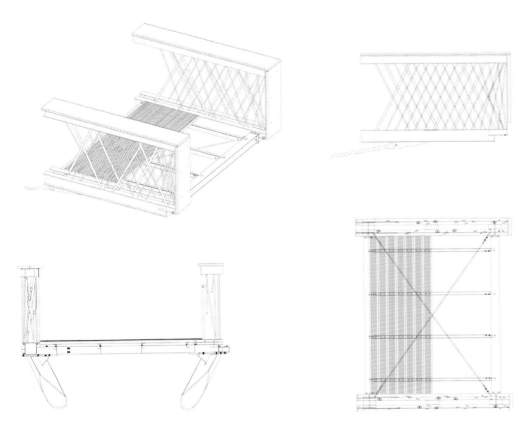

·通过开发并采用新的交通方式，改变镇中以汽车为主的交通局面

·为休闲活动和旅游带来潜在的发展空间

·最后，新的开发项目还在该镇的未来发展和当地文化遗产之间建立了紧密的联系

本案的开发分期进行。一期工程获得了"2009年开发大奖"（aménagement du Moniteur），紧随其后的二期工程于2012年竣工，获得了法国照明设计师协会的ACE设计奖（le prix de l'Actylene）。

本案的开发与该镇的地形紧密结合，旨在凸显该地的独特性。一期工程侧重简单直接的空间布局，突出了该地与镇中心区的空间连续性；二期工程则侧重休闲空间，包括泳池、私家花园、培育区、垂钓区等，其实这些功能区在河岸上原来的自然景观中已经存

桥梁设计大样图

在了，在此基础上，设计师又提出了新的功能区
·规划了一个宽敞的滨水休闲区，同时也起到防洪的作用，并为未来规划独木舟游乐区打下基础
·设置了闲适的散步道，供拉翁莱塔普镇河流沿岸的居民散步所用

莫尔特河岸的景观设计遵循可持续设计的理念，旨在确保该地未来的扩张和发展。通过对沿岸植被的仔细设计，设计师增强了河岸自然景观的稳固性，防止了土壤侵蚀，并改善了当地植被群落的多样性。

照明设计满足了各种各样的要求，包括：最大程度上突出新的开发区；营造夜晚照明氛围；兼顾安全、环境保护和节能。可持续发展的理念是本案中照明设计的基础。

设计师有意在本案的照明设计中凸显一种极简主义风格，所以只在有限的几个地方采用照明，镇中心留下一些比较黑暗的区域，比如说，莫尔特河本身就没有照明，比较黑暗，河面像镜面一样映照出周围景观。

本案的照明设计折射出我们这个时代的一个悖论: 既要为某些区域提供充足的照明, 又要凸显开发区其他方面的特点, 又要采用节能技术。

本案的灯光设计中包含的理念有:
· 将项目整体的能源消耗降到最低。所用的手法包括: 采用发光效率高的照明材料; 采用炫光控制技术; 调整灯具的高度和长度, 以期减少照明地点的数量
· 通过采用使用寿命较长的灯泡, 尽量降低未来维护的需求。选用多种照明系统, 以便延长照明装置的使用寿命
· 最后, 采用像木质灯柱这样的材料, 其生产和运输都对环境产生较小的影响

1、2. 休闲步道的设计让拉翁莱塔普镇的居民更愿意去利用河岸空间
3 ～ 5. 莫尔特河沿岸步道

南贝尔广场

景观设计：瓦莱里·佐亚建筑事务所
项目地点：意大利，威尼斯省，利多迪耶索洛

设计前，南贝尔广场（Piazza Nember）看上去不像"广场"这类公共空间，而只是用作城市基础设施，其特点来自独特的空间布局。

南贝尔广场的所在地是两条正交街道的交汇点，环形交叉路口的中央是个绿色空间，面积约为 646.29 平方米，没有特别的景观设计，只在一条宽 2.5 米的不起眼的人行道旁边有几棵冬青栎和埃及榕。环形绿地中设置了两条道路，此外还有一系列矮柱，界定出一条树荫小道，照明效果很差。除此之外还有些低矮的街道设施，比如长椅和果皮箱。

1. 鸟瞰图
2. 道边草坪中设置座椅
3. 用绿地来界定空间

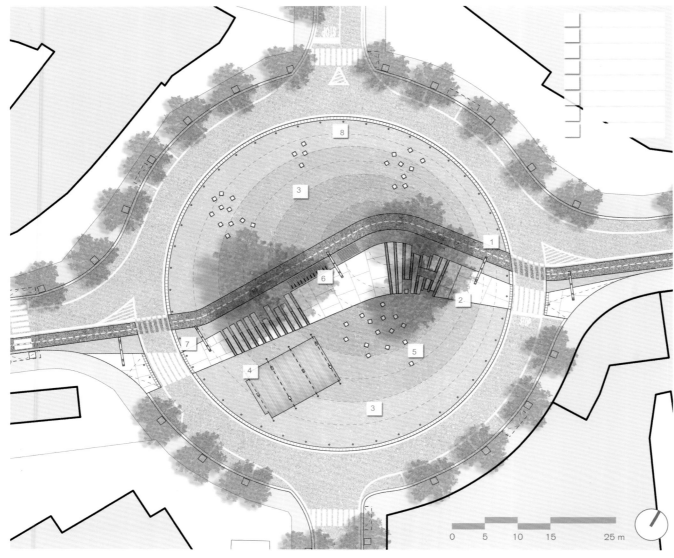

总平面图
1. 自行车道
2. 行人区
3. 草坪
4. 木板平台
5. 座椅
6. 自行车架
7. 路灯
8. 公园围栏

0 5 10 15   25 m

1. 交叉路口
2. 自行车路标
3、4. 公共设施

剖面图

沿着面向广场的酒店和商业区的几条人行道，路面材料非常差，已经处于衰败状态。就是这样的环境，让广场中央变成了闲置空间。此外，瓦莱里·佐亚建筑事务所（VALERI.ZOIA architetti associati）还发现，这里的道路其实是很宽的（12.20 米），然而，由于已经改成单行道，这条路没有必要这么宽。

本案的设计旨在改善南贝尔广场的环境质量，通过宽敞的空间设计和功能性布局，使其更像个广场，让市民能在这里找到休息的地方，或与人约会，或随便走走，或组织公共活动。同时，设计目标还包括两条街道的连接，包括视觉连接与功能连接（这两条街道看上去好像离得很远）。这一点通过设置人行步道与自行车道得以实现。本案的设计超越了上述预期，并且超越了预算有限的限制条件，将这块绿地打造成一个真正的绿色广场，同时，在不影响功能性的前提下，缩减了环形道路中私人车道的空间，同时保持了原来的道路通行效率。

本案旨在为环形交叉路口中央的闲置空间重新注入活力，使其成为能够为过往行人所用的休闲空间，成为一个真正的公共广场。设计师采取的主要设计策略是减少车辆使用的空间，增加行人使用的空间，具体包括以下三点：

· 扩大行人区
· 新的中央空间像个小公园一样，与沿着商业街的行人区相连，在二者之间建立

视觉连续性
· 根据车道的实际需要，缩减道路宽度；重新规划停车区

中央的绿地是环形交叉路口的特色，本案的设计就围绕绿地上的主要元素展开。具体来说，原有的树木是规划广场道路的主要依据。几棵冬青栎形成两个树群，树木生长状态良好；而枫树，还有一棵橡树，则因患病而枯萎，所以设计师决定将其砍掉。为了体现出"自然"的特点，地面特地采用不对称的处理手法，将原来的平地改造成缓坡（斜率 2.5% ~ 4%），边缘最高处比低处高出 80 厘米。行人步道和自行车道设置在适当的位置，不必对原有植物的根系增加额外的保护措施人行步道采用"洗砂"技术（公园和花园中常用的方法），采用白色混凝土与白色小颗粒复合物混合。毗邻植物和树木的地面，在铺装上格外注意细节，在人与树上栖息的生物之间留出合理的距离。设计师特意让人行步道穿过一个冬青栎树群，这样，行人就可以更好地欣赏周围环

项目名称：
南贝尔广场
设计时间：
2010年—2011年
竣工时间：
2012年
合作设计：
斯特拉迪瓦里建筑事务所（Stradivarie architetti associati）
面积：
0.2公顷
摄影：
吉安皮埃罗·佐亚（Giampietro Zoia）

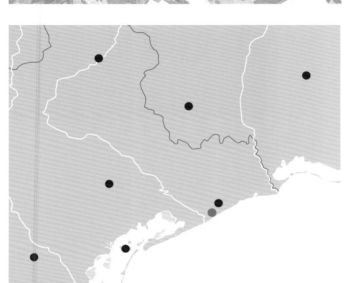

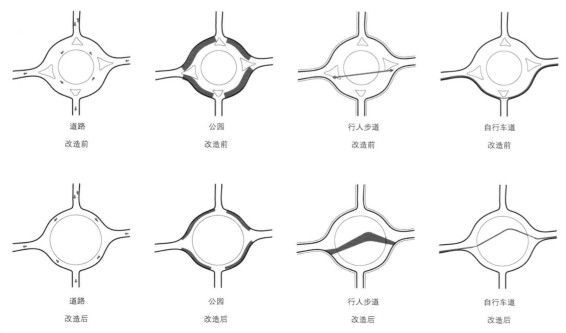

道路	公园	行人步道	自行车道
改造前	改造前	改造前	改造前

道路	公园	行人步道	自行车道
改造后	改造后	改造后	改造后

对比示意图

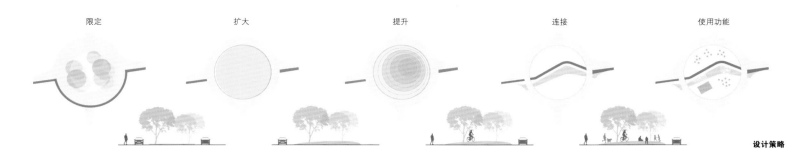

| 限定 | 扩大 | 提升 | 连接 | 使用功能 |

设计策略

耶索洛海滩

德拉戈广场

南贝尔广场　滨海广场　极光广场　马志尼广场　布雷西亚广场

亚得里亚海

1、2. 步道设计

境的美，感受空间体量的巧妙转换，以及从商业街的氛围过渡到绿树成荫的自然环境的体验。双向自行车道采用蓝色沥青（海洋的颜色），改造后与人行步道平行。

中央的绿地上新设置了独立式座椅，几张座椅形成一群，营造出若干个小环境。按照"现成部件、现场组装"的原则，用镀锌钢铁结构取代了木板，有需要时可以拆除。

绿色广场的安全问题也做了全面的考虑，设置了道路隔离装置，与周围的道路分开。

道路的宽度在原来的基础上进行了缩减，在不违反道路法规的前提下减到了最小。路面采用沥青，表面铺设了一层白色石灰岩。这一处理手法的目的是跟这一路口的另外两条道路的沥青路面区分开来，更好地展现这一公共空间的特点，侧重行人，弱化车辆。为了方便车辆出入，环形道路的入口和出口处都增大了弯曲度，所有的垂直和水平方向上的路标也都重新改换了。

照明系统主要由四部分构成。首先是道路的照明，保留了原来的照明设备；其次是人行步道和自行车道的照明，设置了五个高耸的灯柱，可以同时为步道和车道提供照明；再次是中央绿地的照明，突出了独立式座椅，同时保证了整体的环境照明；最后，设计师还采用了一个十字形照明装置，营造出舞台灯光的效果。

绿地上设置了座椅，疏密相间，营造出多个小环境。所有的白色座椅都是独立式的，分为带靠背和不带靠背两种，由镀锌钢制成。设计理念是让使用者能够根据自己的需要来选择最舒适的座椅、最适合的位置，可以多人围坐，也可以单独一人，可以坐在树荫下，也可以坐在阳光下。新增了自行车停放区，因为考虑到未来广场有可能用于娱乐功能，广场上色彩缤纷的设计也是出于这一点的考虑。

城市江岸再生工程——遂宁河东新区五彩缤纷路景观规划

景观设计： 深圳毕路德建筑顾问有限公司

项目地点： 中国，四川，遂宁

项目基地位于遂宁市河东新区西南面，紧邻涪江，与老城区隔江相望，是联系新老城区的纽带。基地为一条狭长带状用地，东临建设中的河东新区，西面为观音湖，基地与水域之间有高出基地约3米的防洪堤以及大量的原生河道滩涂。

项目名称:
遂宁河东新区五彩缤纷路景观规划
竣工时间:
2013年
面积:
72.5公顷
摄影师:
孙翔宇

设计理念

毕路德长期关注可持续的城市开发研究与创新,此次创见性地将"以优美江岸线为链"的设计理念,在这条多彩多姿的道路上进行多维度呈现,并进而将之演化成一条灵动的飘带。设计利用原农耕破坏的河滩土地,变废弃的滩涂为生态湿地。经过重建的区域,水体复现自然清洁,辽阔的水域又为野生动植物提供多种栖息地。利用原混凝土渠化的防洪堤岸,化防洪大坝为优美岸线,从

而将原防洪堤岸这种危险的地带变幻成可亲近、可体验的自然城市景观。设计将生态技术渗入各个细节，将一个原本作农业、防洪之用的大尺度荒地改良为具有可持续生长力的城市滨江绿廊。

设计手法：

1. 重视湿地技术和生态处理

设计师利用在河流原生滩涂中建设的自然生态公园、绿色建筑等去阐述对生态回归的呼唤。在设计中重视水的利用、资源的再生和野生动植物的栖息，加强人与自然之间的交流；用整体的眼光去询问土地需求，在单体的设计中找到与整体环境的最佳契合点，去优化而不是去破坏。毕路德相信，只有这样才能使景观和建筑能够有效地帮助大自然完成每次"自我呼吸"，在与原生态的互动中，寻求自然的持续与人的发展。

设计中使用最多的技术有两个，一个是湿地技术，一个是防洪堤的生态处理。湿地技术针对恢复自然的或是半自然的湿地，选择湿地也是因为设计师想利用堤外的滩涂地，依靠江这边的滩涂地：干旱时裸露出大量的滩涂，涨水或洪水时，让滩涂恢复它自然湿地的状态，淹了就淹了，湿地还是能够被人观赏和使用的。

总规划图
1. 入口广场
2. 文化中心
3. 祈福广场
4. 休闲商业街
5. 游船码头
6. 亲水栈桥
7. 玫瑰广场
8. 观江平台
9. 景观廊
10. 音乐喷泉
11. 滨江广场
12. 栈桥
13. 绿廊
14. 湿地栈道
15. 生态池
16. 生态展览馆
17. 跌瀑浴场
18. 亲水栈道
19. 沙滩浴场
20. 摩天轮
21. 生态厕所

1. 生态湿地
2. 遂宁滨水区
3. 夕阳西下
4. 日暮时分的涪江江岸

剖面图

1. 水景与花园
2. 河道水库
3. 木桥
4. 春天的木板道

剖面图

手绘彩图

在滨江设计中，较大障碍是堤岸线和防洪堤，怎么样能够较生态化地处理防洪堤，而不是造一个大水泥台？设计师结合了一些比较大的城市规划，做了水净化的处理、雨水分散式收集等。设计较为突出的湿地系统，利用一些原生态的植物，还有就是堤岸的绿化，以增加环保功能和生态的恢复能力。

2. 实现建设开发的可持续性

为了最大限度的保持景观建设中的合理秩序，在综合资金周转及景观效果考虑后，设计师对本项目采用分系统开发的原则，即把项目景观分为植物、道路、商业建筑、灯具、小品、城市家具六个分系统进行有秩序有步骤地开发，在较短地周期里实现较为理想的景观效果，真正实现建设开发的合理性与可持续性。

另一方面，毕路德规划设计方案也突破了在低成本投入下进行中小城市的生态经济如何良性运作的发展瓶颈，同时满足了当代中国绝大多数经济不发达城市的景观发展需求，对中国同类中小城市滨水经济景观设计起了参考示范作用。

浑南新区中央公园轴线景观规划设计

景观设计: NRLVV 设计事务所
项目地点: 中国,沈阳

浑南新区位于沈阳市南部,介于市中心区和桃仙机场之间,新区规划的中央公园轴线景观南北跨度4000米。浑南新区的规划布局采用正交街道网格形式,城市各街区功能混合。两个交叉的带状公园丰富了新区的城市环境。来自荷兰的NRLVV设计事务所(NiekroozenLoosvanvliet)负责其中较大的公园的设计(长4000米,宽300米,南北方向,与沈阳故宫的中轴线平行)。行政中心以北的公园主要是山丘和树林,而公园南部则以水作为主要的景观元素。水系遍布公园各处,是整个带状公园的衔接元素,呈现出多种形态,如河道、水源地、独特的喷泉和大型池塘等。

公园北部通过高度变化的山体区别于其他区域。山坡上设计了栽种密度不同的植被,包括开放式草坪。水源设计在最高的山体,水流沿山坡流下,缓缓流淌于山体之间,流经各种各样的台阶,注入宽阔的河道,最终在行政中心形成一个壮观的瀑布。设计强调细节的处理,河道的底部采用不同图案的天然石材铺装,让沈阳漫长的寒冬不再荒凉。狭长的广场将山丘分开来,连接了公园两侧的区

1. 浑南新区中央公园
2. 游人在林地中

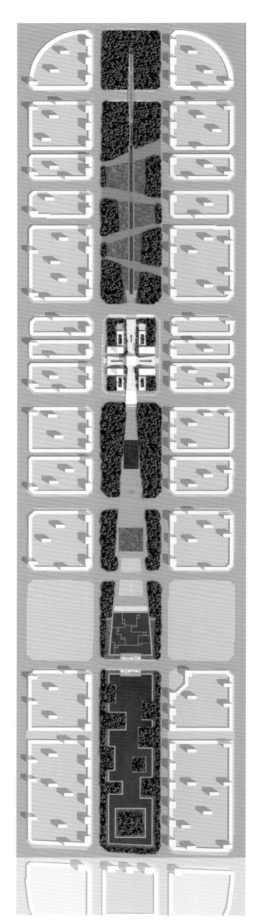

平面鸟瞰图

项目名称：
浑南新区中央公园轴线景观规划设计
竣工时间：
2013年夏
合作设计：
沈阳市园林科学研究院
委托客户：
沈阳市政府
面积：
130 公顷
摄影：
马汀·范弗利特（Martine van Vliet）
&尼克·路泽恩（Niek Roozen）

域，同时为公园提供了更多的设施和功能性空间，如游乐设施、花池和长椅等。

公园南部有若干广场，搭配各种各样的水景和大型喷泉。南北轴线与东西轴线交汇处，设计有一个大池塘，并采用钢材与玻璃结合做成高低不等的山体艺术结构，从任何一个角度望去，都给人以不同的暇想。公园的末端是个秀丽壮观的湖泊，湖中正交排列着岛屿，岛屿上种植的垂柳为人们提供了休憩的好地方。

总平面图 1、2. 大型水池
3. 步道铺装

塔霍河岸带状公园

景观设计：托比亚里斯景观事务所
项目地点：葡萄牙，希拉自由镇，波瓦德圣塔伊里亚区

1. 木板道总长 700 米
2. 混凝土板铺设的小路
3. 塔霍河岸带状公园全景

塔霍河岸带状公园（Tagus Linear Park）位于葡萄牙希拉自由镇的波瓦德圣塔伊里亚区（Póvoa de Santa Iria），占地1.5公顷，周围都是私营工业区，这块土地环绕在居民区之中，公园开发前，民众都无法亲近塔霍河。现在，附近居民首次有了娱乐休闲空间，能够跟滨水区进行"亲密接触"，不久之前，这片滨水区还被大片工业用地所包围。各个年龄段的人群，来自各行各业，有着不同的文化背景，都能够在这里找到适合他们的休闲设施和活动，可以进行体育锻炼、垂钓、散步、骑车、接受环境教育，或者只是简单地欣赏风景。

总平面图
1. 入口
2. 停车场
3. 简易操场（轮胎再利用）
4. 淋浴区
5. 活动舞台
6. 沙滩排球场
7. 海事设施再利用（作为雕塑）
8. 混凝土径
9. 波瓦小径（与城市公园及城区相连）
10. 木板栅栏
11. 自助餐厅
12. 太阳能板
13. 卫生间
14. 环境与景观科普中心
15. 渔夫亭阁
16. 垂钓平台／老码头
17. 木板栅栏（为保护本地植被）
18. 经过修复的沼泽地
19. 小桥
20. 塔霍小径（与自然景观区相连）

项目名称：
塔霍河岸带状公园
竣工时间：
2013年7月
主持景观设计师：
路易·里贝罗（Luis Ribeiro）、特蕾莎·巴罗奥（Teresa Barão）、
卡塔里娜·维亚纳（Catarina Viana）
景观设计团队：
安娜·莱莫斯（Ana Lemos）、艾尔莎·卡廖（Elsa Calhau）、
乔奥·奥利维拉（João Oliveira）、丽塔·萨尔加多（Rita Salgado）、
萨拉·科埃略（Sara Coelho）
建筑设计：
迪弗瑟建筑事务所（Atelier Difusor de Arquitectura）
主持建筑师：
奥拉沃·迪拉兹（Olavo Dias）
建筑设计团队：
佩德罗·桑托斯（Pedro Santos）、塞尔吉奥·马奎斯（Sérgio Marques）、
安东尼奥·马西亚诺（António Marciano）
委托客户：
希拉自由镇政府
面积：
1.5公顷
摄影：
若昂·莫尔加多（Joao Morgado）
奖项：
2012年国际设计竞赛获胜

托比亚里斯景观事务所（Topiaris Landscape Architecture）的设计目标是：反思极端复杂环境下的城市公共空间。所谓的极端复杂环境，涉及城区环境、工业环境、农业环境和自然环境等多方面的因素。为了保留这里环境的特色，设计师打造了一条独特的绿道，与用地的自然景观和人文景观紧密结合，并设置了多种

多样的娱乐休闲设施，保护了原有的自然生态系统，也让环境受到破坏的一些地区有望实现生态复苏。

塔霍河岸带状公园的设计结合了两种空间类型：一种是多功能空间，取名为"渔夫海滩"，位于滨水区，从前这里是一片沉积沙地；另一种是人行步道，长6000米，与泥土路和水边空间（小溪和排水沟）相连，最终与"渔夫海滩"交汇，连接着城区环境和自然环境。"渔夫海滩"和自然景观区之间通过一条700米长的木板道相连，这条木板道通向利用旧木板搭建的"鸟类观察站"。

1. 公园鸟瞰图
2. 鸟类观察站
3 ~ 5. 长长的木板道衔接着"渔夫海滩"和自然景观区

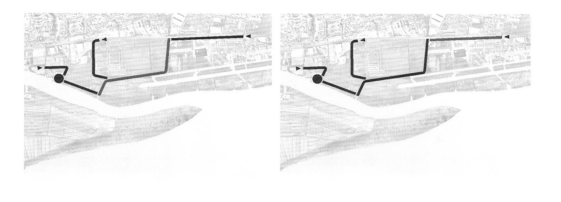

"渔夫海滩"有各种各样的现代化娱乐休闲设施,设置的目的有环境教育、休闲娱乐和体育运动等,包括垂钓平台和亭阁、野餐区、排球场、简易操场(上面布置了几个废旧轮胎)以及日光浴平台,全都汇集在这0.3公顷的滨水区上,营造出一个趣味盎然的游乐场。"渔夫海滩"的名字取自当地的渔民,他们一开始对公园的开发持怀疑态度,但是很快就发现,经过改造的空间保留了过去曾把他们吸引到这里来的土地特色。渔民经常出现在这里,成了有效的环境监视生力军。照明是100%太阳光照明。

1、2.渔夫亭阁
3.座椅

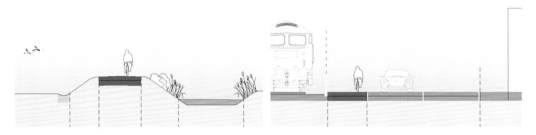

剖面图

2

3

兴建"景观环境开发中心"的目标是为临时的展览活动提供场地。这座建筑采用模块式结构，用废旧海运集装箱搭建而成。整体结构略高于地面，形成一种独特的空间布局，利用了周围生态环境的景色。错综复杂的道路采用混凝土板材铺装，规划出主要的空间结构，将所有的功能区连接在一起。植被主要采用本地植物品种，组成几个"植被群落"，形成一种独特的景观形式，与广袤的沙滩形成对比。低矮的木柱连结成网，围合着中央密集栽种的植物，起到保护作用，能够阻截沙土，也能避免植物在公园开发初期遭到踩踏。

1. 泥土路
2. 人们在道边锻炼
3 ~ 5. 从前的砂矿
6. 沙滩排球场

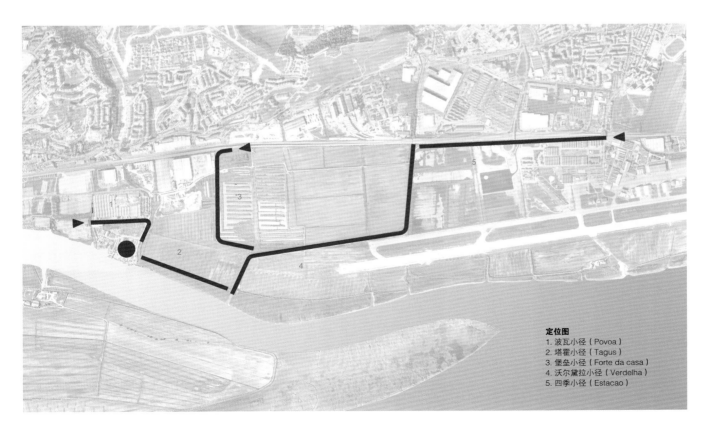

定位图
1. 波瓦小径（Povoa）
2. 塔霍小径（Tagus）
3. 堡垒小径（Forte da casa）
4. 沃尔黛拉小径（Verdelha）
5. 四季小径（Estacao）

马杜雷拉公园

景观设计： RRA设计事务所

项目地点： 巴西，里约热内卢

1. 马杜雷拉公园是里约热内卢第三大城市公园
2. 里约热内卢重要的公共空间，也是当地社区居民重要的休闲场所
3. 公园里的池塘

研究显示，20多年来里约热内卢北部地区对绿色开放式空间和休闲区建设的需求在持续增长。马杜雷拉公园（Madureira Park）所在的地区，土地使用非常密集，97% 的城区土地已经建设，而人均绿地面积却不足1平方米。马杜雷拉公园的建设改变了这一情况，让当地市民的生活方式彻底发生转变。这座公园于2012年6月正式开放，现已成为里约热内卢第三大的城市公园，占地面积达10.9公顷。

巴西RRA设计事务所为这座公园打造了规划、建筑和景观设计。公园功能区的规划是设计中面临的首要难题之一，因为市政府提出了功能上的要求：要让公众在公园中能得到良好的社会教育和环境教育，同时要鼓励当地社区居民的积极参与。因此，设计师创造了一种新颖的可持续公共设施，为周围城区带来生机的同时，也树立并凸显了当地社区的独特形象。公园一经开放，其公共空间立即得到广大民众的广泛使用，充分证明了这一设计方法的成功。

植被布局图
1. 丽薇
2. 紫荆
3. 巴西雨树
4. 巴西铁木
5. 风铃木
6. 尖叶蓝花楹
7. 番泻树
8. 月桂印加豆树
9. 叶子花
10. 羽叶蔓绿绒
11. 巴西红木
12. 小叶黄槐

1. 夜景全貌
2. 游客在园内游玩
3. 水景

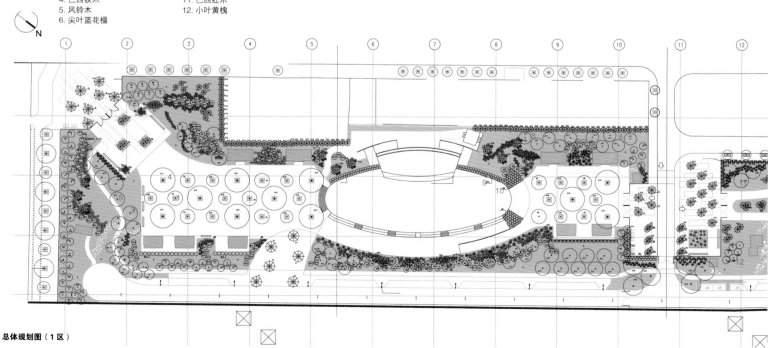

总体规划图（1区）

公园开放以来，周末的接待人数已经达到20,000～25,000人，迅速成为当地社区居民休闲聚会首选的公共场所。公园里有若干开放式体育空间和休闲空间，包括足球场、滚球场（室外地滚球游戏，一种类似保龄球的意大利式球类游戏）、健身设施区（为老年人设计）、开放式健身房、乒乓球台、自行车道以及公共自行车站点等。此外，公园内还设置了几个文化区，其中的桑巴广场（Praça do Samba）成为里约热内卢最好的露天舞台之一。环境教育中心的建设旨在在当地市民中间传播可持续发展的理念。"马杜雷拉海滩"也是公园内的一大景点，另外还有滑板公园——拉丁美洲最大、最多样化的滑板公园之一。

公园内的灌溉系统采用了气象感应器。其他的可持续设计特色还包括：建筑的屋顶绿化；野生动物栖息地的修复（种植了800棵树木和400棵棕榈树）；太阳能板（供给公园的能源消耗）；高效的废弃物处理机制；水源再利用系统；透水性铺装；公共照明采用LED灯。这些设计元素对于本案取得AQUA环境质量认证起到至关重要的作用——这是巴西首次对开放式公共空间授予这一认证。

项目名称：
马杜雷拉公园
面积：
10.9公顷
摄影：
爱德华多·雷蒙迪（Eduardo Raimondi）、
施耐德摄影公司（Schreder）、
比安卡·雷森德（Bianca Rezende）
奖项：
"反思未来"奖城市设计建成类一等奖

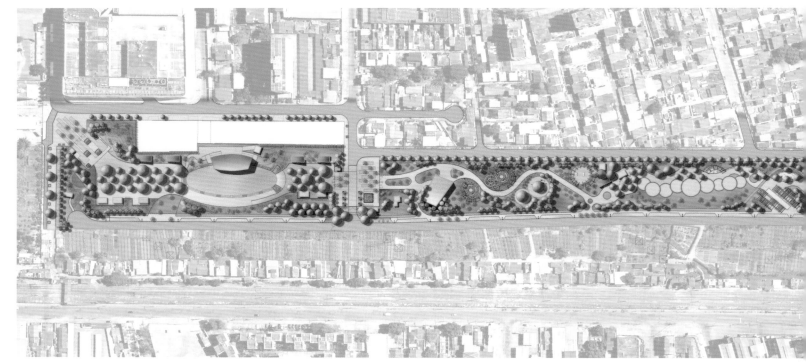

总体规划图（全貌）

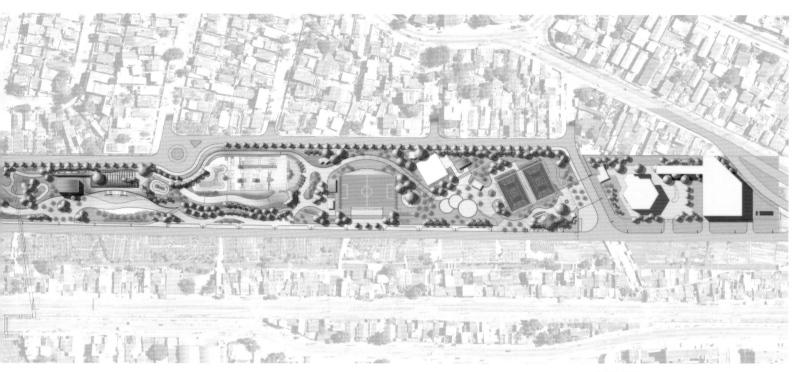

1. 全景鸟瞰图
2. 园内共种植 800 多棵树木，另有 400 多棵棕榈树

1. 绿道边的水景

植被布局图

1. 肥皂草
2. 红花风铃木
3. 棱果蒲桃
4. 刺桐（龙牙花）
5. 菜王棕（甘蓝椰子）
6. 象牙花
7. 巴西玉蕊木
8. 圭亚那漆树
9. 苹婆木
10. 三角椰子
11. 公主椰子
12. 巴西盾柱木
13. 巴西野牡丹
14. 马达加斯加棕榈树

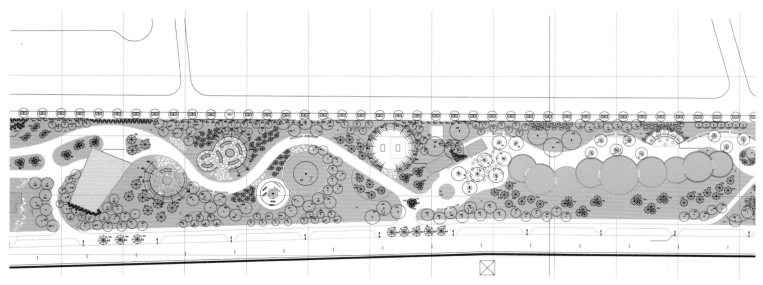

总体规划图（2区）

2010

1315m

2012

2012

N

植被布局图

1. 斑叶钟花树（粉风铃木）
2. 巴西雨树
3. 巴西樱桃树
4. 小蜡树
5. 地中海荚蒾
6. 粉红克卢西亚木
7. 仙丹花
8. 软叶刺葵
9. 绿心葳（齿叶蚁木）
10. 巴西苹婆木
11. 菜王棕（甘蓝椰子）
12. 皇后葵（金山葵）
13. 巴西甘蓝葵
14. 风铃木
15. 小叶黄槐
16. 巴西盾柱木

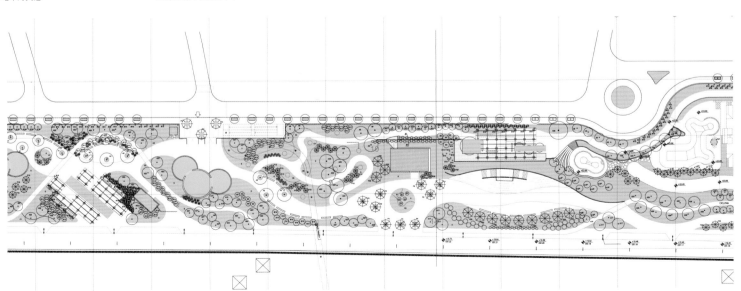

总体规划图（3区）

植被布局图

1. 巴西胡椒木
2. 胭脂树
3. 巴西盾柱木
4. 尖叶蓝花楹
5. 小蜡树
6. 巴西甘蓝葵
7. 巴西红木
8. 圭亚那漆树
9. 马达加斯加棕榈树
10. 酒瓶椰子树
11. 刺桐（龙牙花）
12. 巴西雨树
13. 象耳豆
14. 风铃木
15. 破布木

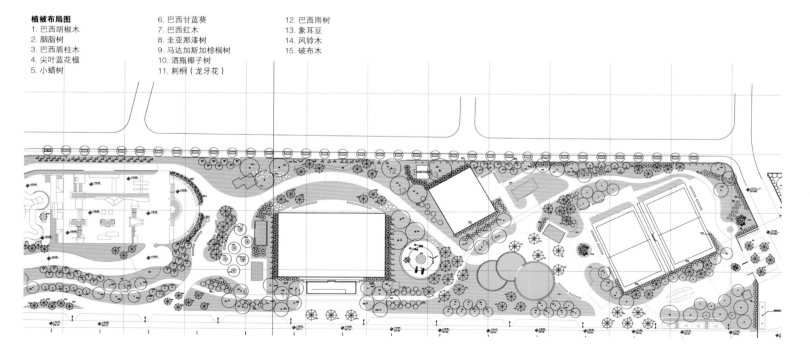

总体规划图（4区）

1. 泥土路铺装
2. "马杜雷拉海滩"
3. 乒乓球台
4. 绿道景色宜人

菲利斯·W·斯迈尔滨河公园

景观设计：佐佐木景观设计事务所

项目地点：美国，俄亥俄州，辛辛那提

1. 绿道可以散步也可以骑自行车
2. 草甸足球场
3. 全景鸟瞰图

设计详述

　　菲利斯·W·斯迈尔滨河公园（John G. and Phyllis W. Smale Riverfront Park）是辛辛那提市中心沿俄亥俄河的大型公园，占地13公顷。这座公园是滨河系列公园中最大的一个，环绕在一系列壮观的城市地标中间，包括罗布林大桥（Roebling Bridge）、全国地下铁路自由中心（National Underground Freedom Railroad Center）、保罗·布朗体育场（Paul Brown Stadium）和大美国棒球场（Great American Ballpark）等。这座滨河公园形成连续的开放空间链，连接着州立休闲道与自行车道系统，并将辛辛那提市中心与俄亥俄河连接起来。佐佐木景观设计事务所（Sasaki Associates, Inc.）的设计为罗布林大桥——辛辛那提的历史性重要建筑地标——创造了适宜的背景，同时为大型聚会、静态休闲活动以及大型文化活动提供了场地。

洪水情况与排水规划

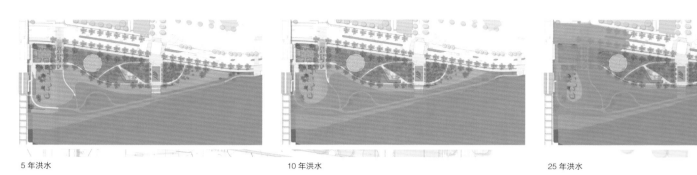

5 年洪水   10 年洪水   25 年洪水

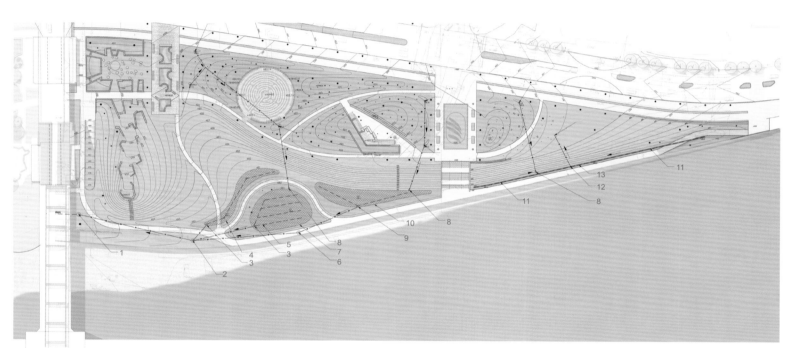

1. 原排水管道上方新增的鼓形罩（R=486.6）
2. 新增鼓形罩（R=483）
3. 溢流结构（R=481）
4. 3 号生物过滤区
5. 地下排水管道
6. 新增鼓形罩（R=481.9）
7. 2 号生物过滤区
8. 水污染控制设施
9. 溢流结构（R=481）
10. 1 号生物过滤区
11. 渗透沟渠（铺设石料）
12. 表面排水（R=480.5）
13. 预制聚氯乙烯（PVC）地下排水管

项目名称：
菲利斯·W·斯迈尔滨河公园
竣工时间：
在建
设计范围：
总体规划、城市环境设计、景观设计、土木工程、水力工程
委托客户：
辛辛那提公园委员会
面积：
13公顷
摄影：
克雷格·科耐（Craig Kuhner）

作为城市活动与娱乐场所的背景与催化剂，菲利斯·W·斯迈尔滨河公园得到了公共与私人资金的联合支持。公园内常见的活动包括：小型活动（如野餐）；大型活动（如美国橄榄球联盟辛辛那提孟加拉虎队与红人队赛前和赛后的活动）；音乐会；"高烟囱节"（Tall Stacks）活动——一个集音乐、艺术与传统于一体的节日，每年吸引35万游客来到市中心。公园包括几处互动水景、演出舞台、雕塑游乐区、亭台、板凳秋千、水景花园以及辛娜吉步道（Cinergy Trace）——300米长的滨河散步道。公共与季节性码头为大众以及各类商业游艇提供服务。通过一系列可持续设计，公园的基础设施质量得到了提升，包括整合的自行车中心、保障设施、更衣室设施以及由地热提供冷热控制的一家新餐馆。

1. 俄亥俄河岸的滨水公园
2. 水景边的台阶
3. 300 米长的滨河散步道

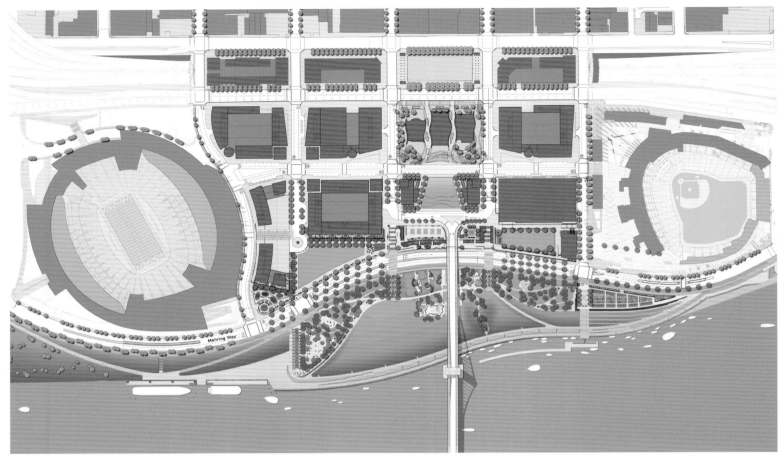

总平面图

周边的滨水区正在规划一个横跨六个街区的混合功能开发区，建成后将为这一地区带来约400个居住单元、办公室以及多种商业活动空间。

1. 水景
2. 夜景
3. 园内绿道夜景

所用材料

· 俄亥俄石灰岩、花岗岩（矮墙和铺装）、玻璃地砖、混凝土地砖

· 不锈钢（框架结构和扶手）

· 景观设计：当地的观赏性常绿乔木，以及品种多样的灌木、一年生植物、多年生植物和地被植物

可持续设计特色

· 拓展了城市脉络
· 开发了棕地
· 创造了土地的多种使用功能
· 实现了密集型开发
· 为各类人群提供了公共空间
· 营造了舒适的微气候
· 开发了替代性交通方式
· 减少了停车场面积
· 降低了人们对机动车的依赖
· 减少并预防侵蚀
· 减少了不透水地面的面积
· 降低了光污染
· 促进了重新造林
· 普及了可持续发展理念
· 采用了地热能源
· 采用了太阳光电
· 采用了绿色屋顶

2

3

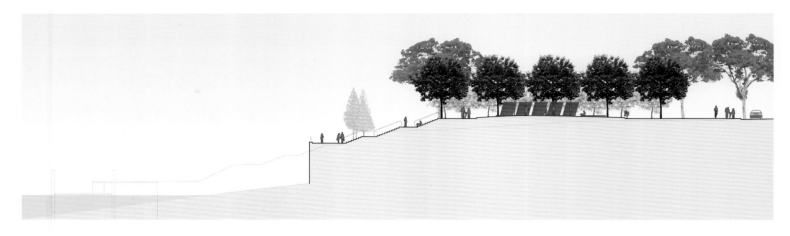

地形剖面图

地形剖面图

"迷宫"剖面图

"迷宫"层次示意图　　　　　　　　　　　　　　　　　　　　　　　纪念林

1. 纪念林

寻迹特伦钦——瓦赫河沿岸景观规划案

委托客户：特伦钦市政府、斯洛伐克建筑师协会

斯洛伐克西部城市特伦钦坐落于瓦赫河（River Vah）流域。自20世纪30年代以来，为确保瓦赫河两岸居住区的安全，河流沿岸不断进行施工与改造。而这些工程保护措施，将特伦钦市区与瓦赫河完全分隔，河流景观也毫无吸引力可言。

本方案由瑞典曼达工作室（Mandaworks）和霍斯柏景观设计与城市规划事务所瑞典分公司（Hosper Sweden）联手设计。设计师希望通过软化并曲线化直线型的硬质堤坝来恢复河流的自然景观，创造一种软质的、柔韧的、具有活动空间的河流景观边界，同时也保留河岸的防护性功能。

景观设计：曼达工作室、霍斯柏景观设计与城市规划事务所瑞典分公司　**项目地点**：斯洛伐克，特伦钦市　**设计时间**：2014年5月　**面积**：25公顷

新的堤岸景观设计将河流南岸与特伦钦老城区的城市肌理联系起来，通过延续其特有的狭长形街区结构，创造一个在广场、街道和滨水步道之间相互转换的独特的空间系统。由此，在河流南岸的滨水区域形成不同层次的活跃的公共休闲空间，最大化地利用多变的自然水体景观。

本方案重新改造了基地内的铁路桥，将其设计为步行桥梁，并在桥上设置了不同的活动功能，使其成为联系河流南岸与北岸的步行系统的一部分。步行桥梁的北端拟建一座生态中心，周围环绕着丰富的湿地景观和水体缓冲区域，用以作为该区域的主要信息中心与活动聚集区。本方案设计了一个独特的堤坝景观系统，将水系防护与新的住宅区以及基础设施相结合，为特伦钦创造了丰富多变的滨水空间。

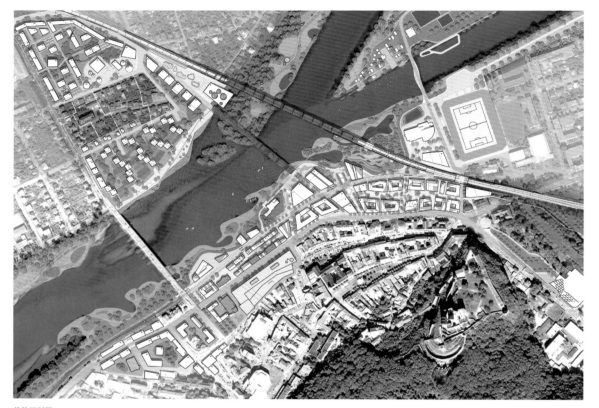

总体规划图

竞赛评委会评语

"该方案很好地表现了竞赛涉及的各个方面以及评审标准，全面地体现了新设计与现存的老城区城市结构的关联，对于新建筑的布局非常用心，并且创造了具有独特空间氛围的步行桥梁连接瓦赫河南北两岸……'寻迹特伦钦' Tracing Trenčín）方案在城市与河流之间创造了高品质的衔接空间，同时也极大地尊重了河流的自然条件。"

立面图

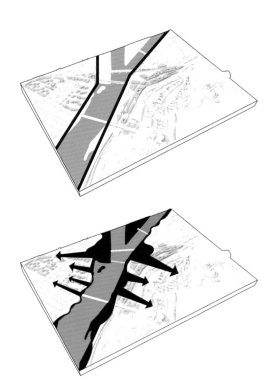

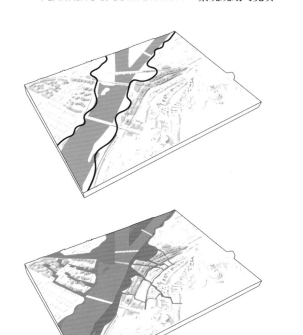

设计理念示意图

绿道的设计满足了行人交通和文化休闲活动的需求

里约热内卢生态走廊与绿道浅析

文：赫勒萨·丹塔斯

　　"生态走廊"或"绿色走廊"的概念出现于20世纪80年代末，始于景观生态领域。随着围绕这一主题的科学研究的开展，出现了很多定义，但是总的来说，可以说"走廊"的概念与"连接"相关，换句话说，"走廊"是解决并改善交通动线问题的一种景观手段，能够促进各生态系统之间、各植被圈之间以及各栖息地之间动植物的物种演变。从生态的角度上讲，"走廊"是整体景观构成中的一部分，体量上可大可小。巴拿马运河是大体量生态走廊的代表，是洲与洲之间的连接；小体量的则可以是一条小河，连接着峡谷两边的居民区。众所周知，森林面积越小、位置越孤立，就会越丧失多样性，随之而来的是其独立生存、自给自足的能力也会越差。因此，"生态走廊"的概念可以说是在保护野生动植物的要求下应运而生的。随着城市发展脉络的扩张和农业的开发，以及广泛的人类活动的开展，自然植被和景观正在减少，变得不再完整。在具有较好的生物多

样性的国家，比如巴西，这个问题更加严峻，因为珍稀物种和地方特有物种正在灭绝，而且往往是不可逆转地灭绝。在这样的语境下，"生态走廊"不仅能在天然生态区之间重新建立起衔接，而且能提供一系列的保护，或者缓和人类造成的混乱状态。我们从相关文献中借来"绿带"或"缓冲区"这样的语词来定义这一系列的保护措施。

　　市区中心以势不可挡的态势迅速发展，环境越来越密集。我们把市区里的土地密封起来，绿化空间越来越少，这导致灾难（如洪水）发生的几率大大增加，也给这些环境中的居民带来很多身心的问题。在这样的语境下，"生态走廊"将成为重要的衔接元素，连接的不仅是市区里仅存的自然生态区，也包括公园和开放式空间。

这样，从生态和城区规划两者之间的对话当中，就出现了"绿道"的概念。绿道是为交通、娱乐、文化休闲活动等目标设计的空间，大多是线性的，侧重改善社会和环境功能，使用上注重自给自足。

城市绿化造林对"绿色走廊"的营造起到重要作用。树木，尤其是那种树冠相连形成连绵一线的行道树，不仅为在这些树木上栖息的动物创造了必要的生存环境，而且能对悬浮颗粒污染物起到过滤作用，改善当地"微气候"，而且通过树木多样的形状、质地和色彩，提升环境的景观价值，进而带给居民身心愉悦。

在具备生态多样性的大都市，比如里约热内卢，城市绿化造林是将城市中仅存的几片轮廓鲜明的森林进行衔接的唯一手段，也是带给居民更舒适的气候、缓和日常交通拥堵的唯一方式。

生态走廊、绿色走廊或者绿道要想实现在城区环境中的功能，就必须进行深入细致的研究，确保让本地植被能够适应用地的环境条件，营造出适当的环境形象，并且维护上要求简单易行。

在项目的设计和开发中，越来越有必要组建跨学科的设计团队，不同学科的力量共同为城区中的闲置空间或缺少绿化的空间带来全方位的绿化和环境修复服务，打造绿色走廊，促进这些空间之间的衔接，由此也拓展了设计的范围。

里约热内卢的马杜雷拉公园（Madureira Park）就是应用上述理念的一个范例。新技术的采用使高压输电线得以压缩，创造出一个长约1500米、宽约50米的额外空间。沿此空间我们布置了步道区、自行车通道、体育健身设备以及文化活动设施等。同时，还栽种了本地树木和高大的棕榈树，能够吸引野生动物，修复区域自然植被。马杜雷拉公园满足了该街区庞大人口的需求，也能够为市内其他街区的人们所用，因此，所有设施以及人行道的设计都采用了较大的体量。每个周末约有3万人来到马杜雷拉公园，或在瀑布中戏水，或玩耍，或溜冰，或健身，或做体育运动，或在露天剧场观看一场演出——露天剧场登记过的观众已达6万人次。

越来越多的城市在飞速发展，我们必须抓住每个可能的绿化空间，不论是在天然的土地上，还是在人造台板上。这无疑已经成为一种全球趋势，需要景观设计师来进行研究并开发出新的技术和理念，满足新的需求。

关于生态景观与绿道，已有的文献就像我们这个星球上的文化和环境一样丰富多样。由于现代城市对可持续发展提出更高的要求，绿道的问题也变得愈加重要。本文就这个问题所发表的上述观点，主要借鉴了以下图书和资料：福曼和戈德伦（Forman & Godron）所著的《景观生态》（Landscape Ecology，1986年出版）以及该书的再版（福曼，1995年出版）；希尔蒂、李迪科尔和梅伦兰德（Hilty, Lidicker Jr & Merenlender）所著的《走廊生态》（Corridor Ecology，2006年出版）；阿艾伦（Ahern）发表的关于绿道的文章（1995年、2003年）；以及其他多位作者在2004年的《景观与城市规划》杂志（Landscape and Urban Planning）上发表的文章。

步道边种植了绿植

赫勒萨·丹塔斯（Heloísa Dantas）

赫勒萨·丹塔斯，2005年毕业于巴西植物学院里约热内卢植物园研究所（National School of Botany Research Institute of the Botanical Garden of Rio de Janeiro），取得生态学专业硕士学位。自1980年起，丹塔斯就开始涉猎景观设计和城市规划领域，曾在许多私人公司和公共机构任职，参加了巴西以及国际上的众多相关会议。2010年，丹塔斯加入了里约热内卢的RRA设计事务所，成为其城市规划与景观设计团队的一员。

城区道路设计，根据既定环境条件，采用果树赋予该地特色

绿道景观——环境、特色与可持续设计

文：弗里克·路兹、玛汀·范弗利特

在中国各地旅游的时候，我们常常会对道路两边的环境赞叹不已。好多地方，路边的景观看起来就像天堂的美景。这样的环境会让司机备感愉悦。路边景观是道路的装饰，透过这层绿色的屏障，我们的视线才能抵达里面的腹地。不过，到处都是天堂美景，也意味着各处看起来都差不多。这本身没有什么错，但是却没有考虑到各地的差异性和区域环境的特性。司机要靠一些可识别的对象来确认地点、辨别方向，比如行道树和植被。而道路两边的景观设计则能够赋予道路以独特的形象。道路景观设计是表现当地特色、丰富环境体验的一种手段。

景观设计中的道路开发

最早，道路是没有铺装的，两边也不种植植物。从大约1800年起，荷兰的小路旁开始种植小型树林，主要是想利用木材，比如用来做木鞋。所以树木品种的选择主要是从木材的使用性及其生长速度上来考虑。植物就是这样作为一种功能性的景观元素来使用的。于是，就出现了一种新型景观——绿道。

欧洲最早的高速公路建于德国，景观设计上采用了灌木。德国建设首条高速公路的动议始于1909年。一群富有的汽车狂热爱好者组成了一个利益团体，向政客施压，使后者最终同意为车辆修建专门的道路。在之前的道路上行驶时，司机总是不断受到各种干扰：尘土、泥泞、四轮马车、行人……首条高速公路的建设始于1913年，但中间曾经由于第一次世界大战而中断。直到20世纪30年代，首条没有交叉点的公路才在科隆与波恩之间修建完成，这就是德国的首条高速公路。当时这条公路上汽车限速120千米每小时，但是那时的大部分汽车速

印度尼西亚爪哇岛中北岸三宝垄港市老城区道路设计，用行道树和街边设施营造特色

度都达不到60千米每小时。然而，连接着科隆与波恩的这条新通道仍然是一次巨大的成功。自此以后，20世纪30年代，越来越多的高速公路开始在全欧洲涌现，不过往往都没有景观上的设计与规划。

美国景观设计大师弗雷德里克·劳·奥姆斯特德（Frederick Law Olmsted）于1926年设计了美国最早的一批风景车道。这些道路设计得就像风景区一样，有山有水，植被丰茂，从这里开车经过时你会有一种穿过英式花园的感觉。路边的空间很宽阔，并不是狭窄的一条，目的是使人在行驶的路途中能有愉悦的体验。景观是为司机而设的装饰元素，风景车道也是从司机的角度来设计的。除了司机受益之外，这类车道还有另外一项贡献，那就是从中演化出一系列相互连接的公园，环境质量非常之好，所以今天这些公园仍然存在。

从景观或城市环境角度思考

在乡村公路和市区公路之间，我们能够看到景观上明显的区别。公路是景观环境中的大体量存在，通常会对景观布局起到"切割"的作用。道路的设计应该考虑到整体的景观布局，道路应该与整体景观环境相协调。此外，还要兼顾生态系统的可持续发展，植物的选择要因地制宜，旨在营造良好的道路通行体验。设计要能够告诉人们他们此刻在哪，要表现出环境的特征。反过来，景观也规定了道路设计的原则。路边植被可以采用本地植物，如果这样营造出来的景

观能够适合周围环境的话。路边植被、稀疏植树或者是更广阔的大片湿地，都可以根据既存的景观条件来选择使用。

公路允许的最高行驶速度也决定了道路设计，我们在时速60千米和时速120千米的路上看到的景象是不同的。较低时速限制的公路需要更注重细节，而这样的细节到了时速120千米的路上可能根本看不到。这就是为什么乡村和城区公路的精细程度不同。

城区公路的设计需要另一种设计方法。城市环境中，可以通过采用本地植被或者相反，完全采用异域风情的植物，来塑造环境的特点。比如说，一个街区可以用开紫色花朵的树木来装点出特色，另一个街区则可用开白花的树木。比如，法国普罗旺斯地区的艾克斯市，就以道路两边种植的悬铃木为特色，而意大利的托斯卡纳区街道边则普遍种植柏树。道路的设计能够赋予一座城市以独有的特色。

可持续设计

除了环境（乡村或城区）、时速、塑造特色等这些考量之外，可持续发展正在成为道路设计中的关键主题。我们可以利用植物来控制雨水径流，比如说，适当的树木栽种布局可以阻截雨水。这条原则在城区环境中尤其适用。像冷

杉、云杉、杜松、七叶树、栎树和椴树等品种的树木都能阻截大量雨水。还有能够改善空气质量的品种，如刺槐、木兰、李树和槐树等，能够有效过滤空气中的氮气。此外，树木还具有降低城市空气温度的作用；种植大量树木的城市相对来说比没有树木的城市要凉爽。我们可以通过在道路两边种植植物来营造更健康的城市环境。道路两边的低矮树篱能够阻截细粉尘；通过树木的巧妙栽种布局，可以更新而不是阻塞受到污染的空气。

绿道设计准则

选择有利于生物多样性的植物

选择能够过滤空气的植物

选择能够缓和雨水径流的植物

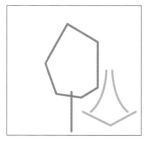

树木栽种的位置要能够引导（而不是阻碍）空气流动

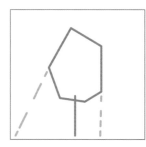

选择能够为铺装路面和行人营造阴凉环境的树木

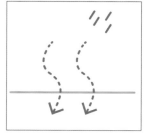

选择透水性铺装

收集屋顶和铺装路面上的雨水径流

有利于雨水径流的缓冲和减速

在雨水径流流入河流之前进行过滤

结语

环境对于道路的设计至关重要。乡村环境中的道路和城区环境中的道路在设计上应该区别对待。环境决定了设计方法的不同。道路的设计可以在周围景观环境的基础上营造特色，使其特色符合周围环境的氛围，也可以让道路赋予城区以特色。司机的驾驶体验，或者道路的景观环境，都可以是设计中的主要考量。设计的水准以及细节上的精细程度取决于道路的类型、使用以及时速限制。可持续设计是绿道设计开发中的一个重要主题。另外，植被的选择也能有助于营造更加绿色的、可持续的居住环境。街道小品和照明的设计，以及铺装类型的选择，都应该与选定的设计理念相符合，要能够营造出道路的特色。

街边设施是专为"金色轴线"打造的，赋予这条重要街道独特的面貌

可持续设计——树木能够净化空气，银杏树的颜色让"金色轴线"街道独具特色

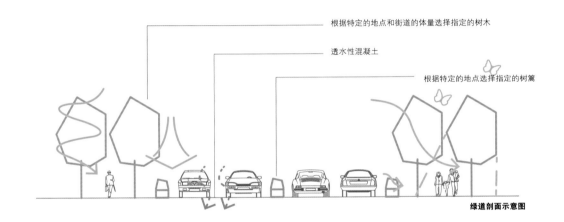

根据特定的地点和街道的体量选择指定的树木

透水性混凝土

根据特定的地点选择指定的树篱

绿道剖面示意图

弗里克·路兹（Freek Loos）

弗里克·路兹，荷兰建筑师、城市规划师，毕业于阿姆斯特丹建筑学院（Academy of Architecture）建筑系。毕业后，路兹受雇于UNStudio建筑事务所，由此开始了他的职业生涯，后又加入B+B景观设计与城市规划事务所（Bureau B+B landscape architecture and urban planning）任主管。2009年，路兹在哈勒姆与人合办了路兹&范弗利特设计工作室（LOOS van VLIET），2013年又在沈阳成立了NRLvV设计事务所（Niek Roozen Loos van Vliet）。路兹的设计擅长将景观、城市规划、建筑设计和可持续理念相结合，设计范围广泛，小到景观小品，大到数十平方千米的大型规划。

玛汀·范弗利特（Martine van Vliet）

玛汀·范弗利特，荷兰景观设计师、城市规划师，路兹&范弗利特设计工作室联合创始人。范弗利特女士1995年毕业于劳伦斯坦农业大学（IAHL），1995年-2001年在阿姆斯特丹建筑学院学习城市规划，并通过了城市规划和景观设计两项国家考试。2001年-2009年，范弗利特与路兹在B+B事务所共事，两人都任主管，并于2009年联手创立了路兹&范弗利特设计工作室。2013年在沈阳新成立的NRLvV设计事务所，范弗利特也是联合创办人。范弗利特在城市规划、景观设计和公共空间等领域均有涉猎，设计规模不一。她的设计总是将特定环境及其特色作为出发点，运用创新的设计手法打造特色鲜明的、持久性的设计，注重细节的处理。植被在她的设计中也是一个重要部分。

肩负社会和环境功能的 "绿色走廊"
——访巴西景观设计师赫勒萨·丹塔斯

赫勒萨·丹塔斯
（Heloísa Dantas）

赫勒萨·丹塔斯， 2005年毕业于巴西植物学院里约热内卢植物园研究所（National School of Botany – Research Institute of the Botanical Garden of Rio de Janeiro），取得生态学专业硕士学位。自1980年起，丹塔斯就开始涉猎景观设计和城市规划领域，曾在许多私人公司和公共机构任职，参加了巴西以及国际上的众多相关会议。2010年，丹塔斯加入了里约热内卢的RRA设计事务所，成为其城市规划与景观设计团队的一员。

道路可以散步也可以骑自行车

景观实录：您在设计之时处于什么样的心理状态？充满激情还是沉着冷静，抑或其他？

丹塔斯：设计是一个过程，这个过程中的每一步都有不同的心理状态。在项目的初始阶段，"兴奋" 或 "激情" 是传达、表述我们感觉的最佳词汇。而当项目的理念、设计标准和指导原则确定下来，我们的感觉则是强调团队精神，注重团队集体创造的过程。到了最后一步，我们会充满期待，盼望早日看到项目竣工。

景观实录：一个项目有方方面面的因素需要考虑，您在设计时会优先考虑哪些方面？

丹塔斯：除了为交通动线、行人步道或娱乐休闲区（能够开展体育活动的空间）的环境提升景

观价值以外，景观项目必须寻求创造绿色空间或者 "绿色走廊"，满足项目的社会功能和环境功能——理解使用者与环境之间的互动关系十分重要。

景观实录：您如何看待景观设计领域目前的形式？

丹塔斯：在巴西，我们的城市中有大量的绿色空间存在，但是涉猎大型休闲空间、交通道路设计、绿地修复工程等方面的景观设计公司却不多。

然而，随着城市化进程的发展，我们越来越意识到环境问题的重要性，也意识到景观设计师对于城市自然景观修复、打造更加可持续的城市所扮演的角色有多么重要。因此，专业景观设计师的人数正在迅速增加，也得到了更多的认可。

景观实录：您在工作中最享受的是什么？

丹塔斯：每个项目总会提出新的挑战，在面对挑战的过程中会有许多新发现，我享受这个过程。此外，看到项目竣工之后，用地上呈现出勃勃生机，这也很令人兴奋——看看植被是如何随季节而变化，随时间而演变，就像大自然中的万物一样。

景观实录：能否详细谈谈马杜雷拉公园这个项目中的设计亮点或特色？

丹塔斯：马杜雷拉公园满足了当地庞大人口对文化、社会和体育设施的需求。这个地区由于其地理位置以及大面积不透水地面的存在，相对于里约热内卢滨海地区来说，降水更少、温度更高。因此，这座公园的设计旨在满足多种用途，其中包含大量的休闲设施，能够满足当地庞大人口的需求。同时，我们通过增加水景（包括水池、喷泉和瀑布等）和遮阳设施，来尽量降低较高温度的影响。

像马杜雷拉这样缺乏绿色空间的地方，植被（尤其是较高的植被）在景观中起到关键的作用，不论是从美化环境的角度还是从自然生态的角度来说。因此，在选择构成公园植被的植物品种时，我们遵循了以下原则：

·本地植物，或者是能够适应当地气候条件的品种

·有利于区域环境修复的植物，不仅能够带来阴凉的空间，而且能够吸引野生生物，尤其是鸣禽
·生命力顽强的植物，对土壤类型和灌溉的要求不高，不需过多维护

景观实录：能否具体谈谈绿道植被和铺装的维护？

丹塔斯：里约热内卢公共休闲空间的维护受到气候的困扰。这里常年有大量降水，温度温和或偏高，使得植被需要不断的精心维护，如剪枝和施肥。

出于同样的原因，铺装的路面也需要特别的维护。凡是采用松散材料（如砾石和鹅卵石等）的地方必须经常更换材料。对我们来说，似乎目前趋势是越来越多地采用透水或半透水铺装，这样的路面载重能力更好，不需过多维护。

街道附属设施也是一项挑战，因为这些设施需要坚固的材料、美观的设计，同时还要满足长时间、频繁的使用。

总而言之，政府在这类地方的维护工作中面对巨大的挑战，需要不懈地寻求创新的解决办法。

景观实录：您的设计理念或设计灵感通常从何而

公园滨水休闲区

来？

丹塔斯：设计理念和指导原则从对项目用地的环境和社会风貌的分析当中得来。用地的环境条件会告诉我们应该采用何种植被、何种材料。

植被在绿道设计中起到至关重要的作用

以人为本: 设计让生活更美好
——访英筑普创事务所

英筑普创
（aLL Design）

设计理念

英筑普创事务所的业务范围涵盖各种尺度的设计，小到一只汤匙，大到一座城市，并采用多元化与跨媒体的方式整合设计过程，从平面设计和产品设计，到室内设计、建筑设计、景观设计，无所不包。英筑普创常在伦敦事务所的艺术工作区——实验床一号（Testbed1）——举办各式讨论会与艺术展览，与周围的艺术单位形成了一个艺术社群，包括皇家艺术学院（Royal College of Art）、薇兹伍德工作室（Vivienne Westwood）、影像空间创作室（Squint/Opera）、福斯特建筑事务所（Foster + Partners）以及发型艺术工作室（Bed Head），而英筑普创扮演了这个社群中央枢纽的角色。英筑普创的设计目标很简单：创造更美好的生活。透过在多伦多、爱丁堡、重庆及伦敦的工作室，英筑普创设计的项目遍及全球。

主创设计师威廉·艾尔索普
（Will Alsop）

英筑普创事务所创始人威廉·艾尔索普教授是国际建筑与城市设计领域的领军人物，在亚洲、北美和欧洲的众多项目曾获奖无数。艾尔索普在2009年某杂志的民意测验投票中获得"世界最具创造力的建筑师"称号，其设计以创新、活力与激情而闻名。自20世纪80年代，艾尔索普已经在世界各地的许多城市留下他的印记，作品包括欧洲最大的规划项目汉堡港口新城（Hamburg Hafencity）、新加坡克拉克码头（Clarke Quay）、北京莱福士广场（Raffles City）、上海国际港客运中心总体规划、伦敦市长办公楼（London Mayors Offices）、多伦多夏普中心（Sharp Centre）以及伦敦佩卡姆图书馆（Peckham Library），后者荣获英国最知名的建筑大奖——英国皇家建筑师协会斯特灵奖（RIBA Stirling Prize）。

景观实录: 在英筑普创, 设计师在工作时处于什么样的心理状态? 充满激情还是沉着冷静, 抑或其他?

英筑普创: 威廉·艾尔索普充满创造性的设计理念来自于绘画，包括画中的图形及其拼接方式，或者来自他的巨幅油画中颜料在流动中的恣意挥洒。这是一个循环的过程，也就是说，新的绘画或大型拼贴画的灵感来自之前的绘画。艾尔索普经常要离开事务所所在地——伦敦，去到他在英格兰东部诺福克郡的谢林汉姆镇的私人花园，进行一段集中的绘画创作。艾尔索普还在工作室的中央设置了一面绘画墙，工作室的员工经常会在他的指导下在上面创作大型壁画，这就是英筑普创设计的基础。这个过程可以说是充满激情和愉悦的，是一种独特的设计方式。

景观实录: 一个项目有方方面面的因素需要考虑, 英筑普创会优先考虑哪些方面?

英筑普创: 艾尔索普的设计方式主张回归人性化，即认为我们日常的生活应该是愉悦的体验，而设计是达成愉悦的关键。此外，他认为建筑环境应该作为一种艺术形式来设计，他反对某种设计风格形成霸权，他将设计过程从头至尾处理得流畅、透明。对我们来说，设计的关键在于开放思想。

北端风景

景观实录: 景观设计领域目前的形式如何?

英筑普创: 景观设计应该是将我们的城镇空间连接起来的黏合剂,但是,景观往往是项目开发中的最后一步,预算非常有限。美丽的城市公共空间的范例乏善可陈。这些空间应该是充分表现出环境特色的地方,并通过互动性的设计、街道附属设施和材料来赋予空间以生命,美化周围建筑的背景环境。现在,我们缺乏令人耳目一新的景观环境,但是要想转变这样的局面,不仅需要优秀景观设计,更需要有关当局和委托客户来调整他们的要求和预算。

景观实录: 英筑普创的设计师在工作中最享受的是什么?

英筑普创: 建筑是一个整体,色彩是我们感知这个整体的关键。建筑带给我们的感受是所有感官互动的结果,而色彩的作用不能仅仅作为建筑设计的一种额外的装饰手段来看待。威廉·艾尔索普在学习建筑设计之前学过美术,还曾经教过雕塑。雕塑跟色彩的关系并不大,但也可以有关联。所以,艾尔索普一直对美术和建筑都很感兴趣。有很长一段时间,这两方面的活动他都涉猎。但是,他逐渐认识到二者其实是一回事。所以说,工作中的享受来自于通过改变人们对这个世界、对他们的城市以及他们生活的空间的感知,模糊了这些领域之间的界线。

景观实录: 能否详细谈谈里尔滨水带状公园这个项目中的设计亮点或特色?

英筑普创: 项目用地是狭长的一条,毗邻运河,周围是一些大型基础设施。艾尔索普的设计初衷是让这条河流成为城市的中心,沿河修建一座带状公园。我们在河边的公共空间设置了各种体育活动区和文化活动区,目标是让城市空间的联系更加紧密,利用自然生态系统让城市环境更加可持续。这座公园让多年来已经消失的当地动植物群重新回归,采用被动式技术来对水源进行氧化与清洁并为喷泉和公共照明提供能源。这条河流将城市的各个层面连接起来,强化了城市环境的延续性,将里尔古老的防御工事向公众开放。作为公共空间,这座公园兼顾了风景美丽、环境健康与娱乐休闲。

景观实录: 能否具体谈谈绿道植被和铺装的维护?

英筑普创: 在里尔滨水带状公园这个项目中,

我们的景观设计希望能在不需过多维护的情况下达到最好的景观效果。在植被的设计上我们与狄西拉工作室(Atelier D' Ici La)合作,选用了多种在一年四季不同的时间段繁荣生长的植物,同时也注重选择那些不需过多养护的植物。我们把这个项目分成几个独特的区域,总的设计理念是打造一座"水城"。我们将"水"作为这个项目的出发点,围绕"水"来打造一座21世纪的生态之城。里尔市有些地方存在历史遗迹,所以这里的植被种类与木板路上的不同,与河岸上新栽种的植被也不同。码头上,右河岸栽种小叶椴树(右岸原有的椴树保留了一部分,与之保持一致),左河岸则栽种槐树。这样,高耸的椴树密集的叶片与槐树稀疏的枝叶形成对照。运河中栽种睡莲和菱角,能够适应水流的流动。水中设置了一系列的"水上庭院",能够清洁水源,为水生植物营造理想的生态环境。这些小岛与德勒河(Deûle)之间的河流部分设置了一系列的宣传教育设施,向大众普及水源是如何处理的。

景观实录: 你们在设计中是否用过哪些新技术?

英筑普创: 为改善德勒河下游的水质,我们与远征工程公司(Expedition Engineering)合作,共同开发了一项设计策略。我们营造了一系列"水上游戏",以此来推动水源的循环和通风,同时在水流的流动中能够完成垃圾收集。

在水生环境中,许多微生物都有清除有机污染的能力。有机物的氧化过程会吸收掉所有分解了的氧气,对其他生物造成危害。因此,河流的通风能够增强其自我净化的功能,有助于维持健康的、多样化的生态系统。一般来说,水可以通过两种方式实现"氧化":喷水口或者表面搅动。在这个项目中,我们采用搅动水面的方式来供氧;"水上游戏"翻腾的水面也凸显了河流回归城市的喜悦氛围。三个水轮以每秒25升的速度将水注入运河。另外两个轮以每秒20升的速度将水注入一条水渠,此外还有一系列的小瀑布,也有助于水流通风。

6米宽的瀑布是这个项目景观设计中的亮点。墙面高处设置了一个喷水口,为一系列的摇杆供水,使水流来回流动。还有一个体现动态平衡的装置:高出水面以上3米的一根垂直管顶部设置了一个容器,随着水流不断注入,容器越来越不稳,直到垂直管在水的压力下变弯,最终容器倾覆。稍往上游一点,就是古老的"水门",这里设置了两个瀑布,一边一个,水流从码头上倾泻而下,注入运河。最后,"水梯"的设置将主体水流重新引入运河。

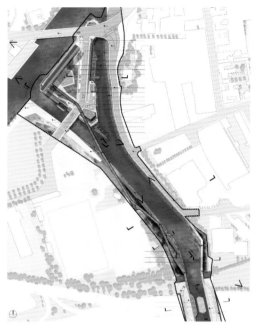

平面图

景观实录: 设计的理念或灵感通常从何而来?

英筑普创: "事务所对于'城市设计是什么'的问题完全持有开放的思想。对我们来说,这是个没有固定答案的开放式问题。"

我们将整体的城市环境视为一个交流的地方,人们彼此交流思想和信息。这意味着城市设计不只是众多建筑设计的集合,也不只是教我们如何"打造完美空间"的一套指导方针。我们更愿意对形式、色彩、功能、社会和行为等问题进行不懈的探索。

我们城市的未来必定在于住在那里、使用那里的人的手中,所以这些人必须参与到城市环境的设计中来。充分的调查研究才能让我们设计出令人满意的环境,人们才愿意成为这环境的一部分,才能让城市环境中生活、工作和娱乐的方式更加灵活。我们希望通过建筑设计让生活更美好。

我们追求以人为本的环境。我们会与委托客户、主要利益相关者和当地居民进行充分的交流,去了解当地人希望他们的环境是什么样的。通过这样的方式,我们已经打造了若干成功的范例。

我们发现,鼓励大家将他们的想法和梦想设计出来、画出来,这样做出来的设计会超出大家的预期,也超出设计师的预期。

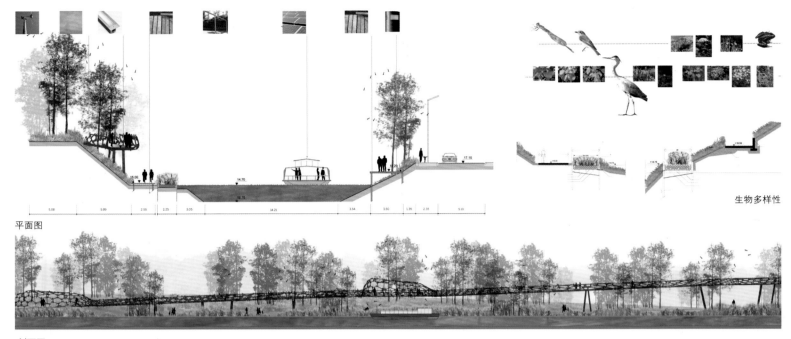

生物多样性

平面图

剖面图

我们避免循规蹈矩地照章办事，而是让各个要素自然地搭配在一起，抛开常规的所谓"设计目标"。通过对艺术形式和色彩的运用，我们能够利用一个地方的文化价值，在此基础上营造环境的新特色，创造美丽的建筑和环境。

我们希望打造出亲民的城市环境，信息和人在其中自由地流动。各方为维护城市环境而共同努力，社区由此得到强化，变得更加人性化。

景观实录：绿道景观设计中最重要的元素是什么？为什么？

英筑普创：里尔市市政工程部部长在1902年8月8日的演讲中曾说过："……造成德勒河污染的无可否认的原因，就在于里尔的城市生活污水直接排放入龚党河（Contents）。"同年，德勒河居民联合会主席做出了如下的悲哀结论："我看到曾经生活着25种鱼类的小溪逐渐变成露天排水沟，散发着令人掩鼻的腐臭和瘟疫的味道。"

如果说德勒河下游上个世纪实施填河是为了免遭瘟疫，那么今天，我们要让水重新回来，并且要让这条河流的水质成为典范。我们还争取在改善水质的同时充分发挥设计的作用，让建筑与景观融为一体。我们的设计方法为环境平添了趣味性，凸显了

河流回归城市喜悦之情，同时加强了环保意识的宣传教育。

景观实录：英筑普创在景观设计中扮演了何种角色？

英筑普创：景观不是在两栋建筑的衔接空间中做做表面文章，这一点很重要。每座城镇里都有大量这类空间，我们的设计旨在探寻这类空间的本质，赋予其适当的功能，而不仅仅是简单的设计。这两者之间有着天壤之别。一种是美化，往往流于对风格或传统的追求；另一种是恢复空间的使用功能，满足公众的使用需求。

如果说街道可以是"城市美术馆"的话，那为什么不能是学校呢？没有店铺，却是市场；没有剧院，却上演着持续不断的表演。公共空间可以解放我们的许多重要认知，我们应该重新定义这样的公共空间。这是艺术家和建筑师的工作，需要与社区居民共同完成。

我们扮演的角色是超越景观设计，我们的项目旨在为公共空间创造愉悦的体验。景观中的各种元素，其本质来源于与使用者和客户群体进行的讨论。这意味着我们设计方案中的创新元素其实纯粹是源自使用这些地方的人们的愿望。我们的角色是

理念发起人，设计团队领头人的角色是将各类专家凝聚在一起，包括景观设计师和工程师等，共同为景观环境规划一个明确的目标。

景观实录：景观设计未来的趋势如何？

英筑普创：新社区的规划应该不仅是蓝图的整体规划，而应该是一系列赋予空间使用功能的设计。什么能让一个地方令人难忘？什么能够使其与众不同？一个成功的地方，其组成部分是需要时间来演变的。这不是趋势的问题，而是打好基础的问题。这是未来对话的基础；不是一套精确的标准、硬性的规定；我们创造框架结构，给未来留下创造的余地。我们营造氛围，为环境的未来发展定下基调。我们构建环境的发展能力，通过城市集约化来活跃环境的气氛。城市环境不断增长的密集度要求我们做出回应，要求灵活性和多样性来面对变化的城市文化。我们打造生活体验。在居住密度更高的情况下，我们必须凸显公共空间的多重功能，通过改善行人体验来提升生活品质，带来身心健康。攀援的巨石、美丽的花园、垂钓的海滩、丰收的果园，这些环境的设置都能为原本枯燥乏味的居住环境注入蓬勃的生机，带来缤纷的色彩。变居民区为生活馆，利用变幻的设计加强居民的社区意识。景观设计是我们探索新的生活方式、创造更多的选择的机会。